别在该奋斗的年纪，选择安逸

李振 著

吉林出版集团股份有限公司

图书在版编目（CIP）数据

别在该奋斗的年纪，选择安逸 ／ 李振著 ． —长春：吉林出版集团股份有限公司，2019.1

（读书会）

ISBN 978-7-5581-6176-6

Ⅰ．①别… Ⅱ．①李… Ⅲ．①成功心理－通俗读物 Ⅳ．① B848.4－49

中国版本图书馆 CIP 数据核字（2018）第 280427 号

BIE ZAI GAI FENDOU DE NIAN.JI,XUANZE ANYI

别在该奋斗的年纪，选择安逸

作　　者：李　振

出版策划：孙　昶

责任编辑：刘晓敏　侯金明

装帧设计：MXK DESIGN STUDIO Q:1765628429

出　　版：吉林出版集团股份有限公司（www.jlpg.cn）

　　　　　（长春市人民大街4646号，邮政编码 130021）

发　　行：吉林出版集团译文图书经营有限公司

　　　　　（http://shop34896900.taobao.com）

电　　话：总编办　0431-85656961　　营销部　0431-85671728/85671730

制　　作：日知图书（www.rzbook.com）

印　　刷：北京文昌阁彩色印刷有限责任公司

开　　本：710毫米×1000毫米　1/16

印　　张：14

字　　数：160千字

版　　次：2019年1月第1版

印　　次：2019年1月第1次印刷

书　　号：ISBN 978-7-5581-6176-6

定　　价：49.00元

营销分类：励志

前言

春光明媚而温暖，春风若缕而柔软，无声无息里，不知不觉中，紧裹了整个冬天的衣襟情不自禁地轻轻敞开。脉脉温情带着泥土芬芳的春风，鼓满胸怀。

春风满怀的感觉，如清晨卷起垂帘启开窗扇时的清新透爽，如绵延小溪的歌声走向前方的驼铃摇曳春光。立于山一样的高处，展开结实的双臂，朝着风来的方向，拥抱天地和春风。

一时间，那气度，那态势，如积存心中的炎凉冷暖得到了释怀，宽松畅快；如繁华落尽找到了回归自然的路途，自由自在。在这青春一样美好的情境下，我们编选了此套作品集，收录了近70篇文章，都是或感伤，或奋进，或智慧的青春励志奋斗故事。正如清代诗人、散文家袁枚的一首诗："白日不到处，青春恰自来。苔花如米小，亦学牡丹开。"——在阳光尚未照到的地方，青春却已倏然而至，然而梦想过处，岁月苍苍，苔花纵然如米粒般大小，也要学着像牡丹一样怒放盛开。这就是青春传达给我们的真正奋斗的要义。

奋斗，奋斗，跨一步，就成功。作家列夫·托尔斯泰说过："梦想是指路明星。没有梦想，就没有坚定的方向，而没有方向，就没有生活。"阅读青春榜样的生命印记，追随奋斗先锋的精神足迹，传递正能量，带给你崭新的创造力量和奋斗勇气。

人的一生中，有许多事难遂心愿，有时是为了一时的现实生计，有时是为了所谓的将来，而不得不暂时改变一下原来的计划，走上另一条看似更加实际的道路。

但是，无论什么时候，既然心怀梦想，就不能轻易说放弃，因为在人生的长河中，梦想决定一个人的人生方向。没有坎坷和挫折就没有你的信念和坚忍之心，没有荆棘和风雨就没有你的阅历和资本之实。直至失败成就你身后风景，历史成就你可贵收获，险阻成就你前进动力。做一个努力奋斗者，当你挺直腰杆大吼一声时，这个世界其实已经属于你。

你拥有别人无法掠去的自立和自强，才能独立超越下一道关隘，才能更加慷慨激昂和豁达开朗。做一个努力奋斗者，更好地抢得先机和把握机遇，展示你不平凡的才智和毅力，所有的时空与领域都是你的战场和武器，所有的海洋与天空都任你遨游和飞翔。

用美好的心灵去奋斗，用博大的心魄去奋斗，用真挚的爱心去奋斗，用不移的心志去奋斗，这正是时代需要和渴求的你。因为努力向前，你的生命才是一道别样深情和亮丽鲜活的风景线。

C
O
N
T
E
N
T
S

目 录

第一章 找到自己的大海

| 第二章 | **走向卓越的美好品质** |

| 第三章 | **用心做好每一件事** |

| 第四章 | **奋斗时有多艰辛，人生就有多珍贵**

|第五章| **一味贪图安逸，如何苦尽甘来？**

找到自己的大海

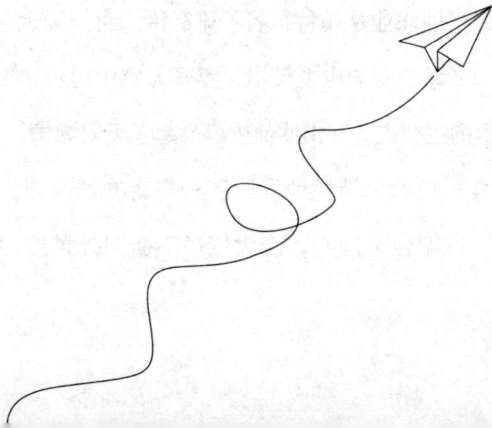

对于视野狭窄、安于现状的人来说，一洼浅水就成了他们最好的栖身之处；而对于那些目光远大、无畏挑战的人来说，波涛汹涌的大海才是最好的舞台，才能提供给自己走向成功的力量。

让我们轰然向前吧

　　迈克尔·巴弗是美国的一位拳击比赛主持人，他那拖得超级长的男中音总能给人留下深刻印象。2011年12月8日，他不曾挥出过一记重拳，也没有培养过一名拳击手，却成功进入美国的拳击名人堂。

　　他有一句非常著名的主持台词，几乎是他标志性的"口头禅"——"Let's get ready to rumble！"（"让我们轰然向前吧！"）这句能使观众情绪很快"嗨"起来的解说词，不但成了他的独特用语，还被他注册成商标，成为他的财源和商机。

　　巴弗最早的职业是模特，名不见经传。有一天晚上，他和妻子正在家里观看一场拳击赛的电视转播，妻子无意中说："亲爱的，你也能登台做拳击赛的主持人。"由此他内心燃起了无限激情。

　　1984年，巴弗创造性地发明了一句新的解说词，当他身穿黑色的无尾礼服，以拳台为圆心，庞大气场不断向外扩展，介绍完拳手、教练等一系列人员，他突然拖着超级长的男中音吼道："Let's get ready to rumble！"（"让我们轰然向前吧！"）声音洪亮欢腾，隆隆作响，让人热血沸腾。

人们还没有忘记在1996年底至1997年初，泰森和霍利菲尔德之间展开的两场举世瞩目的"世纪大战"，巴弗作为拳击赛的主持人，使得这句招牌式的解说词传播更广，名气更大。而这句"口头禅"式的台词，早已在1992年就被巴弗注册成商标。

1999年，巴弗第一次当嘉宾主持，在赛车大奖赛上出场，这句台词就变成了"让我们飞驰起来吧"。2000年，他的这句话被改成"让我们安全地向前吧"，真人录音被纽约出租车工会录用，以提醒司机师傅系好安全带。据报道称，当时司机受此广播影响，不系安全带比例明显下降。

因此，在过去的20年里，巴弗的声音及台词只要出现在某个电影、电视或者游戏中，他就能从中获利。只要哪个机构使用了这句话，巴弗的家人就会获取商标使用费。迄今为止，巴弗仅凭这句话，就已经赚到了四亿美元，成为用独特声音和语句缔造财富奇迹的神话。

巴弗认为，在拳台主持方面，严格按照传统格式化操作，会把观众的热情和拳击手的激情冷却，于是他想到拳王阿里说过的一句话："像蝴蝶般飞舞，如蜜蜂般蜇叮，向前吧，年轻人，向前吧！"并结合赛车场上的煽动性口号，"先生们，把引擎发动起来吧"等，才最终想出了这一句"让我们轰然向前吧"的解说词，作为他的招牌口语。

很显然聪明的巴弗朝前多走了一步，他把台词注册成商标后，以拳击运动的强大效应作为助推器，抢先占据商机，推向市场，开挖财源，获取财富……这正是他仅凭一句台词就获取四亿美元收入的奥秘。

心灵悟语

在每个成功者背后，都有着可复制或不可复制的传奇和魅力。最重要的就看你如何继承和发扬前辈的人生智慧和成功经验，因为巴弗也是在总结前辈的智慧精华和实践经验的基础上，开发出自己独特的主持风格和气场的。

无畏的"战地玫瑰"

那是个星期天，小小年纪的她约好两名女同学一起去练跆拳道，回来时走在路上，突然被路边窜出的两名三十多岁的女子拦住了去路。一名女子望风，另一名女子佯装问路，诱骗和威胁她们把身上的零花钱都交出来。两名女同学见此情景，一时被吓蒙了，只好把钱交了出去。这时，只见她面不改色心不跳，慢慢将书包从肩膀上褪下，趁要钱女子心神恍惚之时，猛地用书包砸向女子头部，大喊一声："快跑！"书包上的钢片把那名女子砸得鲜血直流，两名女同学也在她的指挥下得以逃脱。

她是父亲生命和心目中的骄傲，自小到大，学习成绩都很优秀。她上小学时，父亲在防疫站上班，工作忙起来，没时间照顾她，她就一个人步行上学。她外柔内刚，独立能力极强，非常喜欢冒险。上高中时，有一年情人节，她从花卉市场批发来玫瑰花，勇敢地站在街边推销，一个晚上净赚近200元钱。

　　高三她没有参加高考，就已被北京语言大学阿拉伯语专业提前录取。原来在上半学期，父亲抱着试一试的心态，带她去参加北京语言大学的提前考试。她成绩突出，考试应对游刃有余，最终提前圆了大学梦。

　　她还有一次冒险的经历充满了传奇色彩。那时她上大三，怀揣600元钱，独自一人去内蒙古大草原进行了一次生存体验。她给父亲打电话告诉他，自己已成功抵达内蒙古草原，大草原风光是多么美好。其实，父亲后来才知道，那时她在大草原已迷路多时，又累又饿，随身携带的唯一水壶里的水只剩下一点儿。就快要支撑不住时，突然有一家小旅馆映入眼帘，她直奔过去，凭借出色的沟通能力和主人交上了朋友。最后她还是乘坐当地镇长的汽车，风风光光地游览了内蒙古大草原的风景。

　　2009年7月，她以优异成绩毕业于阿拉伯语专业，随后又被当时半岛电视台驻北京办事处看中，以月薪一万元的待遇邀请她前去工作；她最终靠着一口流利的阿拉伯语闯进中央电视台，选择在更富挑战性的阿拉伯频道工作，成为一名访谈节目主持人。期间，她采访过苏丹外交部部长及苏丹驻中国大使馆大使等人，在央视庆祝新中国成立六十周年庆典现场，她担任了阿拉伯语女主播。

　　2011年7月初的一天，本应准备去新疆进行采访的她，听说栏目组急需一名女记者前往利比亚。得到消息，爱冒险的她兴奋异常，主动请缨。申请很快被批准，一向孝顺的她害怕父母担心，瞒着所有人仅给父亲发去一条短信，声称要去新疆出差，暂时不能联系。几天后，远在无锡的亲戚从电视新闻中看到她去了利比亚，当了一名战地记者。

父亲听说后怎么也不敢相信，待在家里如坐针毡，为她的生命安危揪心。第二天，她给父亲打电话时，在父亲一再"威胁"之下，她才吐露实情，并要求父亲不要告诉身在北京的妈妈。

利比亚战事连连，局势日趋白热化。2011年8月24日，一个意外消息打破了所有人生活的宁静，在利比亚政府军阵营内报道的30多名外国记者，包括她在内的5名中国记者，被困在断水断电的酒店内已达6天之久，处境十分危险。这天晚上，经过多方努力，他们才得以被营救释放。随后，央视国际新闻中心负责人致电她的父亲，对她的战地报道给予了高度好评。

她就是无锡女孩冯韵娴，也是此次被派往利比亚的5名战地记者中最年轻的一位，被媒体喻为优雅从容的美女记者和执着勇敢的"战地玫瑰"。

让我们不禁满怀敬意的是，生命之所以强大，人生之所以崇高，正是因为我们拥有不畏山高水深，追求成就梦想的勇气。因为，只有抵达悬崖之巅，奋斗于前沿，才能领悟到什么是最清的风、什么是最美的景。

心灵悟语

山，不是障；水；不是障。威胁，不是障；人生，不是障。迷路，不是障；战火，也不是障……还有什么能阻挡我们征服巅峰呢？

破解人生最近的难题

有一位美国小伙儿，名叫埃文·普里斯特利，在读书时是个出了名的差生，他似乎从未完成过学业，当然也不可能拿到任何文凭。如果把他的学业经历写成简历，投给任何公司，那么一定没有一家会诚心诚意地聘用他。

2006年，普里斯特利已经20岁了，连高中都还没有毕业。原因是他在最后几个星期再也不愿上学，他选择了退学。之后，他虽然进入大学学习，但不久就对老师的教学课程感到厌倦了，并以同样的理由更换了三种专业，都没能拿到学位，最后弃学回家。

美国最大的社交网站"脸谱"公司才创立2年时间，包括创始人扎克伯格，全公司拥有工程师不足20人，急需招募更多的编程和技术方面的高手加盟。

这时，普里斯特利只是一名普通的编程师，整日待在家里。

有一天，无所事事的他在随意浏览"脸谱"网站时，突然看到一道奇怪的题目，打开一看才明白，原来是一道"脸谱"公司的招聘题。这道题虽然深奥难解，却趣味十足，他随即就被深深吸引住了。

普里斯特利虽然在学业上半途而废，但对破解疑难问题的编程技术却非常偏爱，当他看到"脸谱"公司开出的招聘题目时，还是忍不住感到兴奋。于是，他沉下心，把破解这道难题作为争取获得"脸谱"公司面试的机会，而他只花了45分钟就编写好了破解程序。

不久，距离普里斯特利4000千米之外的"脸谱"总部收到了他破解考题的电子邮件，负责招聘的首席技术官山姆森看到他的答案后非常吃惊，找来布置这道题目的工程师说："有现成的答案吗？我想知道你的破解方案是什么。"然而，连出题的工程师自己都不知道答案，何来破解的方案？

直觉告诉首席技术官山姆森，普里斯特利一定是个编程的高手，是一个破解技术难题的奇才。普里斯特利非但给出了答案，同时也指出这道题尚有诸多不够合理的地方。"脸谱"总部立刻邀请普里斯特利前来应试。

随后几年，普里斯特利以其在公司里的优异成绩和天才表现，证明了自己的价值。

自"脸谱"公司用难题做"鱼饵"钓到普里斯特利这条"大鱼"之后，收到的应聘申请中更不乏名校毕业、博士学位等"豪华"简历，但其招聘工程师的首选方式并不是看简历，而是比猜题。

因为"脸谱"至今仍坚持认为，偶然会有一些聪明人找不到通往硅谷的大门，我们需要做的就是想出一种办法找到他们。例如把一道编程题设计成为一群人喝醉了，打字打得乱七八糟，意思难辨，要求答题者识别这些醉酒者的身份等，让答题者感觉像在做智力游戏，把破解难题视为把握机遇的另一条途径。

截至目前，"脸谱"公司的技术部门中，20％的员工都是通过思考谜题、破解难题的方式招聘进来的，"脸谱"公司总能用这种特殊的招聘方式发现和找到各路才俊豪杰。

心灵悟语

一个能把难题视为机遇的人，无论面对人生还是工作，一定是真心喜欢为某种职业或事业付出，最大限度为实现人生的价值而施展自己卓越智慧的人。

你的"原始股"是哪只

十多年前，他初到美国，是个名不见经传的涂鸦画家。

为生计，他在洛杉矶市偶尔为人创作喷漆壁画度日，所得报酬虽然不多，但尚可维持生活。然而在最初的创业阶段，他并非总是幸运的，日子过得捉襟见肘。除去日常开支，他把节余的钱全部用来购买绘画工具和涂料。每天天一亮就出门，一边写生和创作，一边找活干，直到终于站稳了脚跟。

2005年的一天，他接到一个"大活"后，前往位于加州的一家公司总部。公司总裁亲自接待了他，并委托他为总部办公室的墙壁创作一些喷漆壁画。

他辛辛苦苦地在公司总部每一个办公室的墙壁上都画满了喷漆壁画，然而，就在交工收钱时，公司总裁却突然给了他两种获得工钱的方式——要么，他直接可以收取几千美元的现金；要么，他也可以用这些工钱购买这家公司价值相等的原始股票。

他一听这话，内心即刻感到既沮丧又茫然。一个刚成立的小公司前途未知，有何好前景？若是支付不起工钱可以明说，怎么拿一个尚不知深浅的外国人开涮？他思忖片刻，这家公司既然穷到这份儿上了，又是在美国本土与美国人打交道，只好用自己应得的工钱买下了这家公司数千美元的原始股。

不久之后，他再次陷入穷困潦倒的境地，成了一名无家可归者，但他仍然没有放弃艺术创作。身在异国他乡，经历漫长忍耐和寂寞，他完全把用工钱买股票的事抛在了脑后。

时光荏苒。他不断创作和打拼，逐渐打入流行市场，不仅受雇于美国政府为总统奥巴马创作海报画，而且也为不少美国流行音乐人的畅销唱片设计封面等。

2012年2月1日，他听说美国最大社交网站"脸谱"公司即将申请上市，其市场价值有望达到一千亿美元，以此计算，它势必会造就一大批千万甚至亿万富豪，成为继谷歌之后最成功的造富机器，而持有"脸谱"原始股的人士皆能以公司"顾问"的身份，一跃成为千万或亿万富翁。

他这才想起，原来在2005年，"脸谱"网站刚刚创立不久，正是他用工钱买下了时任公司总裁西恩·帕克推销给他的"脸谱"原始股，他也因此一夜暴富成了一名亿万富翁，被称为世界上"酬金最高"的在世艺术家。

　　他的传奇故事随即传遍天下。有人说他很精明，也有人说他很幸运。但其实，比财富更重要的正是他在涂鸦艺术上的原始股。因为，对于他来说，近七年来经历的艰辛和困苦丝毫让人看不出他的精明、幸运之处，恰恰相反，时常相伴他的却是艰辛和执着、梦想和期待。他就是韩裔美国画家崔大卫，从一个流浪汉变成了一名非常成功的涂鸦艺术家。这些原始股虽在当年只值几千美元，但是现在随着"脸谱"上市，它的价值也变成了两亿美元。

❧ 心灵悟语 ❧

　　在这个世界上，你的人生也有原始股，拥有多少股，才是决定你命运走向的关键。

决定自己的方向

他的名字叫杜威·波奇拉，是一位美国人，自从8岁丧母后，命运坎坷。18岁那一年，他被人指控杀死了一位老妇，6年后才被判入狱。其实，他是被冤枉的，尽管他极力否认，也缺乏物证，但法官仍然判处他终身监禁。

即使在监狱里，波奇拉也从未认罪。他并不消沉，因为他才24岁，正年轻，又心怀梦想。他自小喜欢拳击运动，之前只是在健身房里长期练习，每次监狱拳击比赛，他都能够拿到冠军，也从未放弃有朝一日出狱后，能登上国家级拳台与职业拳手一决高下的梦想。波奇拉蒙冤26年后，真凶浮出水面，他才重获自由，被无罪释放。

这时，波奇拉已50岁了。在过去26年的监狱生活中，他还自修了两门大学专业课程。很快，他出狱后的愿望得到了号称美国拳坛"金童"的奥斯卡·德·拉·霍亚的支持。两年后，波奇拉52岁时，一场拳击赛在他和比他小了整整22岁的前拳王霍普金斯之间展开，这不仅引起全国各界的关注，美国总统奥巴马还在赛前打电话给他加油鼓劲。波奇拉最终战胜对手，取得了比赛的胜利，全场观众一起站立为他鼓掌，表示祝贺。

赛后，52岁的波奇拉在接受记者采访时说："拳击是年轻人的运动，我只是做了自己想做的事，实现了自己的梦想，真心感谢为此付出的每一个人。"许多人认为，波奇拉虽然在监狱里待了26年，但没有放弃自己的爱好和梦想坚持练习拳击，非常了不起。

旦夕祸福常相伴，坚持自己的愿望和梦想，你就是自己心中最了不起的英雄；不测风云难预料，只需一颗强大内心足以战胜暂时恐惧，突出厄运包围，找到精神的家园和人生的真谛。

你决定不了风的方向，风的方向也决定不了你，但你可以决定你自己重新起航的时刻。

心灵悟语

你决定不了命运的不测风云，但不要让恐惧占据了你的内心，因为你从哪里来，并不能决定你将走向哪里……生活与生命的本真才是你最需要坚持的方向。

小马扎，为生活而设计

赵英明夫妇都是85后，大学学的同是建筑学专业，只是毕业后，一个做了建筑师，一个做了杂志编辑。生活中，他们是狂热的木工爱好者，家里堆满各种家具书籍，以及绘制的家具草图。他们北漂5年多，搬过4次家，唯有书籍和草图舍不得丢弃。

工作之余，赵英明对木工制作怀有天然的喜爱和兴趣，经常跟木工同好切磋、设计和制作一些小物件，受此影响，也渐渐地将精力从大型项目转移到日常生活。多年来，赵英明一直在思索和研究建筑和空间、家具和人的生活关联。

2013年的一天，妻子看到他保存着的一沓家具草图，善解人意地说："我们何不把它们一一实现呢？"他们说做就做，经过近一年的积极筹备，终于拥有了一处约150平方米的木工坊，取名"时作"设计研究室。"时"指时间、时节、时代；"作"即指木作、耕作、匠作。

　　2015年一整年，夫妻两个作为木作手艺人，工作之余，几乎没有周末和假期，他们全身心地致力于与木作相关的研究和设计，将设计图一一完整地制作成成品。在赵英明看来，他还是钟情于传统的小马扎，因为他小时候经常看到大家人手一把小马扎，坐在乡下院落里乘凉，而印象中的传统马扎大都做工粗糙，缺乏细节。颇为有趣的是，赵英明始终秉持"为生活而设计"的理念，将看似普通的可折叠的传统马扎，重新设计，加上靠背，改良成了便携式构造和样式。

　　2016年伊始，赵英明的"时作"品牌"便携式有背马扎"，从设计、制作、改进及试坐，历时一年，不断调整结构、尺度、工艺等细节，直至达到轻巧、舒适、结实、便于收纳和运输等产品级标准，颇具设计感，一经推出，便受到爱创意、爱生活人士的青睐。

　　赵英明这样描述他的小马扎：你可以把它装上车带到你想去的地方，可以带着它去郊外，走累了就停下坐坐。朋友来做客时有马扎可坐，不用时摆放在角落，再小的家也不显窘迫。

心灵悟语

　　每个人都希望在时光的雕琢中，营造美的生活，寻找人生的意义和价值，努力把生活过成自己想要的样子。

以蟑螂生财的美国学子

　　美国少年凯尔·坎迪利安饲养蟑螂已有8年之久了。凯尔·坎迪利安和父母住在密歇根州一座名为"迪尔伯恩"的小城市里，迪尔伯恩位于著名的破产城市底特律西郊。

　　12岁那年的一天，凯尔·坎迪利安听说在底特律默西大学，正举办一场科技展览，便和几个同学相约前去参观。在科技展览馆，他一眼瞥见了一个养满蟑螂的大鱼缸，好奇之心油然而生，自此爱上了蟑螂，非常想带回家饲养。

　　凯尔·坎迪利安回到家中，对妈妈说："妈妈，我可不可以在家里养蟑螂？"妈妈听到"蟑螂"，鸡皮疙瘩落了一地，义正词严地说："凯尔，你绝对不可以把蟑螂带进咱们家里来。"在他的反复请求下，妈妈才勉强答应。妈妈后来才知道，凯尔·坎迪利安所看到的蟑螂，其实是一种"马达加斯加发声蟑螂"，是宠物界较为有名的蟑螂品种之一。自从把第一只蟑螂带回家，凯尔·坎迪利安就把饲养蟑螂当作兴趣爱好。随着时间的推移，凯尔·坎迪利安预先准备的木箱子和纸盒子已经装不下大量繁殖的蟑螂了。

初中毕业时，凯尔·坎迪利安饲养的蟑螂已有十多万只，装在一个个蜂箱一样的纸盒子和木箱子里。最后再也装不下这些蟑螂时，他向父母提议："把我的卧室腾出来一部分，把纸盒子和木箱子改装在卧室的墙上，蟑螂们就可以在墙上安心睡大觉了。"这时，父母对他的怪异行为已经见怪不怪，他们一方面对儿子给予足够的宽容，一方面也时刻提醒他："凯尔，你的蟑螂实在太多了，你得想办法出手一部分。"

进入高中后，凯尔·坎迪利安开始思考如何处理他的这些蟑螂。一有机会，他就把一部分蟑螂装进透明的大容器内，拿到底特律科技节上去展览。周末时，他便领着自己的同学或同学的同学到家中来参观。糟糕的是，很多人并不喜欢蟑螂，甚至听到"蟑螂"二字，就感到害怕或恶心，更别说向他们推销蟑螂了。

高中二年级时，凯尔·坎迪利安为防止蟑螂到处走动，开始苦心设计防止蟑螂随处乱爬的小设备，但经过很多次实验都没有成功。最后，他发现用凡士林对付蟑螂相当有效，并当作课题进行研究，设计发明出一种能阻止蟑螂"越狱"的堵塞器。不久，他把这一设计成果带到底特律科技节上展示，还赢得了科技节特等奖。后来，凯尔·坎迪利安成了美国密歇根大学迪尔伯恩分校的一名大学生，攻读环境科学专业，蟑螂在他眼中，既是宠物，也是"财虫"。饲养蟑螂不只是他的爱好，也渐渐成了他的生财之道。

凯尔·坎迪利安所饲养的蟑螂超过了130个品种，总数达到20多万只。凯尔·坎迪利安在接受《底特律自由新闻报》记者采访时透露："普通品种的蟑螂比较便宜，12只蟑螂仅售0.1美元。其中，有一种名为'犀牛蟑螂'的稀有品种，可以存活10～15年，售价比较昂贵。一只犀牛蟑螂价值为150～200美元。"凯尔·坎迪利安在完成大学课程的同时，经常带上他的蟑螂们参加各类昆虫展览，还创建了一家名为"蟑螂森林"的网站，并在网上销售蟑螂。

❧❧ 心灵悟语 ❧❧

成功者都会独辟蹊径，失败者都会随波逐流；老虎都是一只一只的，豺狼才是一群一群的。所以，有个性才是美丽的。

"自由公路"的盗梦旅程

　　他是资深的自游客，受喜剧电影《落魄大厨》启发，学会了自制传统的古巴三明治，又把一辆旧房车改造成"三明治+咖啡+旅居车"的移动餐厅，并发起了一项开着餐车边卖餐饮边赚取旅费的"盗梦旅程"计划，名字就叫"自由公路"。

　　杨蓝童的家人在广东珠海一处叫"淇澳"的小岛上开了几间乡村民宿，过着种花、除草、晒太阳的田园生活。杨蓝童来到淇澳岛帮家人打理民宿生意，利用所学专业成了一名自由设计师，经营一间设计工作室。

　　杨蓝童自小在车轮上长大，9岁时，爸爸妈妈带着他自驾去了西藏，从此他便与车轮上的家结下不解之缘，迄今已有14年国内外自驾旅行的经历。上大学期间，他喜欢上了设计改造，身边总有一群志同道合的朋友。

　　杨蓝童22岁时，偶然观看了一部美国电影《落魄大厨》。《落魄大厨》是一部励志轻喜剧，讲述的是主人公失去餐厅大厨的工作后，转而经营一辆移动餐车，并从中找回了生活方向和人生乐趣。杨菰童激动地看完电影，深受启发，心想："我何不借鉴电影主人公的方式，在生活和旅行之间玩平衡术，开着餐车上路，边卖餐饮边旅行呢？"

杨菰童的初衷是想把旅居车改造成移动式厨房，带有制作和销售三明治两大功能，且能在出行过程中让更多热爱旅行生活的人参与进来，并通过"以游养游"的方式实现可持续出行。重要的是，杨菰童在生活中喜欢吃三明治，《落魄大厨》里面的主人公擅长做传统的古巴三明治，杨菰童感觉既好奇又跃跃欲试。他查遍网络，潜心研究，发现国内没有人专门制作传统古巴三明治，这更增强了其独创性。经过几个月的反复研制，从选料、腌肉、调味到榨汁、切菜、刷酱、烤制，训练有素的环境艺术设计师摇身一变，成了电影中的"落魄大厨"。

见时机成熟，杨菰童盯上了父亲的房车。父亲自从经营乡村民宿后，就极少使用家里的房车。一天，杨菰童主动捧出自制的古巴三明治给父亲试吃，试探地说："古巴三明治更像是热狗，制作方法简单，很有异域风味，比较适合旅行，以游养游。"父亲一句话让杨菰童的心凉了半截。父亲说："味道很好，但卖三明治的人太多了。"杨菰童不甘心，继续软磨硬泡，直到半个月后，父亲才答应他的请求，以分期付款的方式让他得到了房车使用权。

接着，为满足移动餐厅设计需求，杨菰童不惜投入资金30余万元，对房车内外进行装修改造。杨菰童在房车内部进行区域划分，把车内空间分成相对独立又互不干扰的驾乘区、休息区和操作区，除了增置床位、空调、电视、音响和卫生间，还购置了电磁炉、咖啡机、三明治机、微波炉、电冰箱等设备，重点是满足移动的旅行生活方式，包括配备折叠桌椅、遮阳伞、移动Wi-Fi等。

仅仅依靠三明治能否支撑一场长途旅行？2016年上半年的一天，移动房车餐厅改造完成后，杨蒝童和朋友们一起将房车开上街头，做了一次测试。让人意想不到的是，他自制的古巴三明治大受青睐，刚售卖半个小时，餐车前已排起长队。有不少人看到车身上"自由公路"Logo时感到很好奇，忍不住询问："帅哥，你这里是卖什么的呀？"杨蒝童便一次次描述他的行动计划。测试取得圆满成功后，杨蒝童开始为此次旅行组建团队，设计行程路线图，同时又增加了现磨咖啡、特制饮品、特色烧烤、定制派对和结伴旅行等主营产品，沿途还可以兼营特色旅行纪念品、各地特产代购和原创产品发售。

把房车改造成移动餐厅，取名为"自由公路"，寓意是显而易见的。在杨蒝童看来，出门旅行是很多人的梦想，但有条件实现这个梦想的人毕竟只是少数。按照杨蒝童及其团队的构想，"自由公路"作为一项旅行生活方式，还可以邀请更多人参与进来，于是他们便筹划了名为"盗梦旅程"的体验式出行项目。作为"自由公路"的首次出行，盗梦旅程全程约1.8万千米，将历时60天，沿途穿过广东、广西、贵州、四川、西藏、青海、甘肃、云南等9个省的50多个城市，预计制作销售3000

个古巴三明治，并完全自给自足地走完全程。

杨菈童和他的团队在网上进行伙伴招募行动，不但邀请沿途参与者体验生活，更需要各自发挥专长，做更多有趣的事情。比如他们会把"自由公路"餐厅开到某一个地方，将传统的古巴三明治与当地风土人情相结合，开发出各种风味的新产品，以迎合各地不同的餐饮需求，比如在四川他们会在三明治中加入辣椒酱，在西藏会用三明治配甜茶等。

为配合盗梦旅程的生活方式，体现"自由公路"的意义和价值，杨菈童还增加了多项公益性质的项目和活动。他们发挥创造力，通过摄影的形式，记录和传播正能量，沿路慰问偏远山区的儿童，让孩子吃上人生中第一个三明治，给旅途中的人提供咖啡等特制饮品。

杨菈童的"移动咖啡吧+网络工作平台+旅居车"改造完成，"自由公路"盗梦旅程正式启动。完成盗梦旅程后，杨菈童有更长远的规划："渴望参与的人数不断增多，我们会总结经验，再次开始旅行，走完全国其他城市，穿越欧亚大陆，用车轮丈量新丝绸之路。甚至在更远的将来，'自由公路'或将成跨越国界的青年移动工作站。"

心灵悟语

相比于依靠他人获得幸福感和安全感的人来说，那些自力更生的人更容易在社会中生存下来并实现自己的人生价值。掌握基本的生存技能不仅能够帮助你掌控自己的人生，也会使你成为一个更加快乐的人。

一起"画着玩儿"

北京女孩杨舒婷是个典型的90后,是个从小爱玩又不惧冒险的理工女。她大学学的是物理学工程专业,后来作为交换生前往美国留学,取得电子电器工程专业本科学历后,又转入哥伦比亚大学学习计算机工程专业,拿到了硕士学位。

自小到大,杨舒婷一直是个具有冒险精神的热血女孩,冲浪、攀岩、打泰拳、滑雪,这些男孩子爱玩的酷运动,她样样能拿出自己的真本领,还曾经17天徒步欧洲,一路各种"奇遇"也没能让她退缩。能拼,爱玩,更敢于折腾,硕士毕业后,她一直在寻找机会,希望能用冒险家的精神,做自己认为很酷又有趣的事儿。

在"画着玩儿"之前,杨舒婷曾分别在亚马逊总部和全球最大的营销软件"Marketo"公司就职,是一名软件工程师,人生经历中也几乎未接触过绘画艺术。

有一天晚上，杨舒婷在旧金山的一个酒吧里，第一次参加了这种被称为"Paint&Sip"的画画活动。她在两三个小时的时间里，边和朋友聊着天，边品味着红酒，不知不觉中，没有任何绘画基础的她，在现场画师的亲自指导下，居然画出了她平生第一幅油画作品。

杨舒婷回国探亲时，除了跟亲朋好友聚在一起吃饭、K歌、逛街、看电影，再没别的休闲方式。她一时兴起，凭着拼劲，写出了一份商业企划书，项目内容就是给她留下深刻记忆的画画活动。

杨舒婷一向敢于折腾，希望自己的想法能得到更多人认同，经得起市场检验。回国期间，她又揣着企划书，利用各种机会和聚会空间，寻找投资人，一连约谈了20多位投资人后，她终于成功地拿到了第一笔天使投资。

按照杨舒婷的"玩法"，"画着玩儿"作为活动的载体和平台，可以整合两个方面的资源，一是线下空闲场地，一是有绘画才能的画师。画师大都是高等院校油画系学生或油画专业的毕业生，他们都希望利用周末兼职，继续做与画画相关的事情，既能获得实惠收入，还能得到更多人的认同。

杨舒婷在前期走访和调研中发现，很多咖啡馆地理位置非常好，但就在周末时，生意却比平时少很多。她想到"画着玩儿"可以是一种有趣的生活方式，如果可以利用好咖啡馆生意闲淡的时段和位置优势，将一些人从单一的休闲及聚会方式中吸引过来，聚在一起，在优雅舒适的环境中，通过画画活动结识朋友，一定会是一件很有意思的事情。

这样，"画着玩儿"就绝非是一间小作坊式的画室了，而成了能够提供娱乐和休闲的聚会平台，成为一种生活方式，让用户在"画着玩儿"的状态中获得成就感，在活动体验中结识朋友。

"画着玩儿"作为一家创意公司，也经历了几场艰难的拓展和运营活动。一开始，为提升服务等级，他们首先选取非常有格调的咖啡馆，或者颇具特色的主题餐厅，作为试运营活动的场地。

"画着玩儿"产品有了，然而最核心的是用户，这也难不住杨舒婷和她的团队成员。他们各自邀请朋友，再让朋友带上他们自己的朋友，一同来参加"画着玩儿"活动。为体现真诚和细心，检验服务质量和体验效果，获得用户体验第一手资料，杨舒婷每场活动必亲临现场，亲自组织。

经过几场试运营和拓展活动，"画着玩儿"很快赢得了市场认可，口碑相传。一些用户参加过活动之后，还推荐给了其他同事和朋友。原来，很多用户没有任何绘画基础，经画师手把手指导和带领下，仅用了2到3个小时，竟一笔一画地画出了一幅精美油画。更重要的是，"画着玩儿"还能带给更多有需求的用户全新的绘画体验和生活状态。

"画着玩儿"在五个多月的时间里，仅在北京就已成功举办了400场活动，覆盖三里屯、国贸、五道口等各大主要商业圈，先后给百度、搜狐、网易、腾讯等知名公司员工组织活动。"画着玩儿"微信公众号有数万粉丝的关注量，已拥有非常可观的优质用户群，超过90％的粉丝是白领女性。

杨舒婷敢于折腾的脚步并不止于此。她有更为"高大上"的情怀和追求。她认为，随着与生活方式相关的娱乐和消费升级，倡导慢灵魂、趣生活，为用户提供更加丰富的新兴休闲生活方式是大势所趋，相应的服务必须推陈出新。

"画着玩儿"为开启品牌战略，将产品从物资采购、活动流程、海报宣传单制作，到调查问卷、优惠券分发、签约画师，一概标准化。以一种颠覆传统休闲方式的姿态来做"画着玩儿"，聚焦于城市休闲的零绘画基础体验中心，让更多人亲近并体验艺术。

杨舒婷按照城市覆盖计划，一直马不停蹄地游走于一二线城市，吸引和招聘都市中的自营画室加盟。业务也由北方延伸到南方，以深圳作为南方支点，与北京同时展开市场运作和运营，又进驻上海和广州等大都市，抢占垂直细分的市场。

这个接地气的文艺平台，可以帮助众多女性客户从繁忙的城市生活中解脱出来，有更多机会沉淀自己内心，更懂得轻松愉悦的"趣生活"方式，提升生活品质。让喜欢追逐崭新趣生活方式的新生代，在艺术氛围中得到熏陶，在生活体验中结识朋友，更在"玩儿"中找到成就感，也为"画着玩儿"赢得更多的用户人群。

"画着玩儿"作为赢得市场用户的商业模式，已经攒下非常精准又有消费能力的粉丝和用户，在此基础之上它会逐渐向提供多种休闲生活方式的平台转型，拓展更多其他的趣生活品类，比如插花、品红酒、攀岩、滑雪等高端娱乐消费项目。

熟悉杨舒婷的人都发现了，她还是没忘掉攀岩、滑雪之类的酷运动，还是揣着一颗冒险家的心，时刻在找机会，做自己认为很酷又有趣的事儿。

心灵悟语

冒险不是单纯地寻找刺激，而是挑战人类极限，做无人敢做的伟大的事业，以及对人类有伟大意义的事业。冒险不是属于每一个人的，它只属于勇敢和无畏的人。

只是看起来不靠谱

他，学业只读到初中二年级，自觉与其在家里吃苦，不如在更大的地方吃苦，因此十多年前就来到北京流浪和打工，从捡破烂、做焊工做起。那时，他居住的地方以及周围朋友大多是"北漂"一族，有的是搞音乐的，有的是搞美术的，原来都是"艺术家"。他就谎称自己是"画画"的。

不久，一位酒吧老板找到他："我的酒吧要搞装修，能不能挂上几幅你画的画？"他一听傻眼了，心想自己在老家时，初中二年级都没有读完，也从未学习过画画，连画画的材料都买不起，哪来的画呢？但好面子的他最后还是爽快答应了。

一个月后，没有碰过画笔的他却奇迹般地办起了画展。这是怎么回事？原来，他在搞装修之余，骑自行车捡破烂时捡回许多建筑胶、三合板、油漆和颜料等，然后经他的手涂抹拼凑后，居然一个月创作出70多幅"假油画"挂在酒吧里展览，取名叫"锈"，来酒吧喝酒的人称他为"破烂艺术家"，纷纷将他的画拿回家收藏。

此后，他热衷于手工制作，开设了自己的工作室，经营商业设计，赢得了"丝网印刷专家"的名头。一个这么"不靠谱"的人是如何做出一件件非常靠谱的事，又一次次大获成功的呢？正当许多人感到疑惑不解时，他毅然卖掉了工作室。可又任谁也没有想到的是，他一个连基本乐谱都不认识，一个唱歌总是跑调的人，竟脱胎换骨玩起了音乐，成了民谣歌手。

他想，我不是唱歌跑调吗？那我就找一个唱歌比我还跑调的人加入。于是，他找来8岁的侄女成立"大乔小乔"演唱组合，紧接着又是搞音乐会，又是出唱片，玩得不亦乐乎。他们第一次在北京某酒吧里开了场音乐会，由于人满为患，被请来做演出嘉宾的3位好友被堵在了门外，怎么也进不去。许多人纳闷："他们唱歌这么难听，却为什么还这么受欢迎？"可这依然挡不住"大乔小乔"组合大获全胜，名声大噪。

不久，他们第一张专辑《消失的光年》出版，也是全家人齐上阵，自行设计包装，他和母亲连夜用缝纫机做封套。在朋友的帮助下，6天完成录唱，30天完成唱片制作，限量发行2000张，总计成本不到1万元。

他还是诗人、杂志主编、创意师、展览策划人、文化传媒公司执行总裁等，曾得到与大导演张艺谋合作的机会……在他"北漂"的第十个年头，曾经自嘲不敢和女孩对视说话的他，和女友组建了一个叫"道具保修"的乐队，并担当主唱。这一年，他还参与了北京奥运会闭幕式视效节目创意监制工作，最终方案被张艺谋导演拍板定稿，在位于"鸟巢"内的"奥运建设历程展"上，一个极草根的创意成功登上了大雅之堂。

不久之后，他的"微薄之盐"团队成立，在他的领导下，通过商业运作创办同名酒吧，既能盈利也能无偿帮助有梦想的音乐人，成为京城著名的民谣音乐圣地，他亲自带领团队进行全国巡回商演，策划演出近200场。

2011年9月，他仅用17天就导演制作出他的首部纪录片《淘旧货》，面世后即引发低成本装修热潮。一年里，多家数字科技公司和公益创新奖活动纷纷邀请他担任艺术总监和策划顾问，他在多所大学校园的风采大赛和校园歌手总决赛中担当评委，在全国几十所高等院校发表个人演讲，成为现实中的励志"牛人"。2011年11月7日，他的新书《好的生活没那么贵》出版上市，并很快成为励志类的畅销书籍。在接下来的日子里，他又在全国24所大学中举行了巡讲和签名售书活动。

见过不靠谱的，没见过这么"不靠谱"的。他颇具"混搭"意味的人生远不止这些，他的本名叫乔守民，一个只读到初中二年级的打工仔和流浪汉；到达北京成为设计师后，他更换了名字，改叫"乔小刀"，被誉为"破烂艺术家"，同时又被冠以"丝网印刷专家"的名号；之后，组建乐队担任主唱，出版唱片，他再次更名叫"乔西"，是一个民谣歌手。但他无论叫什么名字，在现实生活中担当何种角色，他每做一件看似非常"不靠谱"的事情，却都能做得非常靠谱，风生水起。

现如今，更多的人都叫他"乔小刀"，是《好的生活没那么贵》一书的作者。书中，他依然把"不靠谱"的事做到极致，教会你如何用1万元出版一张唱片、用5000元装修200平方米的房子、用3000元拍一部纪录片、用500元举办一次画展……他宣称好的生活其实没那么贵，就应该说做就做，亲自动手实现那个离你最近的可行梦想。

这就是一个草根青年的快意人生，极具"混搭"，越是"不靠谱"，越是最靠谱。他不仅在北京买了车，还拥有一套300多平方米的大房子，一跃成为京城里的"车房一族"。

从他的人生经历和职业生涯中，我们不难发觉有些"不靠谱"，只是看起来"不靠谱"，关键在于你有没有把不靠谱变为靠谱的想法。

❀❀❀ 心灵悟语 ❀❀❀

原来不靠谱的是命运，或许最靠谱的是梦想。无论你的人生怎样度过，所谓"混搭"就是充分发掘和利用生命中的不同资源，只要打开一条思路或一个方向，就要不遗余力地力臻完美，追求卓越，抵达极致，直至实现那个梦想，那么你的人生一定会分外绚丽斑斓，丰厚富饶。

"穷途末路"激发灵感

　　布莱恩·切斯基和乔·杰比亚是美国一所设计学院的校友，学的是工业设计专业。大学毕业后，仅在别人的公司里工作两年，二人便双双辞职，从洛杉矶搬到了旧金山，准备做一番属于自己的事业。直到这时，他们才意识到自己非常缺钱，连房租都付不起，只好合租房屋住下来。

　　到旧金山的第一个周末，正当他们"穷途末路"时，恰逢美国工业设计师协会在这座城市召开会议，布莱恩·切斯基自然格外关注，上网浏览相关信息。他看到一则所有酒店都几乎客满的消息，就突发奇想地和朋友乔·杰比亚聊了起来："如果我们能给前来参加大会的设计师们提供床位住宿，并能提供一顿早餐就好了，我们只需把设计师们安顿下来，就能赚到钱。"

　　乔·杰比亚也觉得主意不错。可他们连一件像样的家具也没有，也没有空置的床位。布莱恩·切斯基想出一个切实可行的办法，在他的衣橱里倒是有3张充气床垫，但不能确定这就能触发商机。为了生计，他们只好连夜建好网站，将出租充气床垫的信息发布到网上。结果，很快就有3人前来要求入住。一周后，当设计师大会结束时，他们不仅成功安顿了3位租客，还赚到了租金。

两个设计专业出身的毫无创业经验、原始资金和市场资源的"三无男"，和另外一个朋友内森·布莱卡斯亚克一起，经过半年的努力，创建了一个点对点式向旅游者提供房屋的在线租赁网站——空中食宿。

空中食宿的初衷非常简单，就是让租客能够找到地方住，而不是住进旅馆酒店里，其业务模式十分清晰：有空房子的人在网站上发布自家的空房信息，让那些不想找酒店住的租客上网找到合适的食宿，进行在线付费和实地入住交易。

就是这么个理念在公司初创时，却遭到了所有投资人的反对。也确实是这样，人们大多不愿意让陌生人住进自己家里。对客人来讲是一样的，本来一个人出去就不安全，还住在别人家里？房东有歹意怎么办？但世界上总有那么几个喜欢"吃螃蟹"的家伙，当大家都觉得这个"螃蟹"不但"没毒"，还挺"好吃"的时候，这事就越来越好办了。在满足房主和租客的基本需求后，空中食宿的生意越做越好，不仅有人发布常住房子的信息，更有人将树屋别墅、村庄、城堡发布到网站上。随之，空中食宿的模式又被打上了寻找食宿、旅行度假等标签，在网站上可以直接进行寻找、付费和完成交易。

正是这一看起来不靠谱、也不可能有好生意做的家庭式短租业务，经历5年"蜕变"，从最初的3张床垫和3个租客，变成了现如今市值达数百亿美元的短期租赁的互联网企业。

空中食宿推出一项更加惊人的业务：租赁整个村庄，甚至是一个国家。租客如果肯花6.5万美元，就可以到奥地利某个美丽的村庄住上一晚；如果肯出5万美元，就能够租到德国的某个酒庄，与当地居民共度一个良宵；甚至还可以租下整个国家，享受到仿佛就是准备为你一个人服务的国度。

联合创始人兼首席执行官布莱恩·切斯基在回顾早期创业时明确地说："的确看起来不靠谱，但我们毫无办法，因为那时的我们太缺钱！'穷途末路'让我们的决心变得更加坚定。因为在你没有钱时，你就不会有什么多种战略，你必须专注在一个战略上，创建客户真正想要的东西。"

❦ 心灵悟语 ❦

　　在我们的生活中，穷途未必就是末路，正如上帝把一扇门关上了，自然也会为你打开另一扇窗，很多靠谱或不靠谱的灵感都是在"穷途末路"时被激发出来的。

第二章

走向卓越的美好品质

走向卓越需要感恩的心，能让你被幸运女神垂青；走向卓越需要专注的精神，能让你抛开纷扰，把眼前枯燥的事情做到精致；走向卓越需要顽强的意志，能让你在难以克服的困难面前咬紧牙关，最终在风雨里披荆斩棘……

雪地里的母爱

"北国风光，千里冰封，万里雪飘……"

那一年，他考上了大学，即将前往学校报到。母亲说："妈平时只顾在外头忙了，从未给你擦过一次皮鞋，在你临走的时候，我亲自给你擦一次皮鞋吧。"

他舍不得穿这双皮鞋，把它装进包里，带到了学校。学校要举行开学典礼，他拿出皮鞋，细细摩挲，刚要穿上，被同学看见了。同学问："皮鞋是谁给你擦的？好亮！"

他没有言语，心中充满了温暖和骄傲。

不久，一位中年妇女也来到他所在的城市，在他就读的大学校门外，支起了擦鞋的摊位。同学们很快知道了他的秘密，以及他擦皮鞋的母亲。

有一天，他来到擦鞋摊前，看着母亲努力擦鞋的样子，不情愿地说："妈，你还是走吧，回家去。"

这位中年妇女就是他的母亲。母亲不仅没有责怪他，反而意味深长地说："妈知道这样做对你的影响不好，可妈是擦皮鞋的，更知道在哪里都能擦，好，我这就走。"

转眼到了年底，他准备收拾行囊回家过年，在去校外为母亲购买过年礼物时，经过一家商店，却被一个熟悉得不能再熟悉的身影打动了。在商店门前的雪中，一位中年妇女于冰天雪地之间，苦苦守候着，面前就是她支起的小小擦鞋摊，鞋油冻成了冰棍，鞋擦上的毛刷像结冰的钉子，仿佛已经好久没有客人光顾她的生意了。

瞬间，酸楚的泪水模糊了他的双眼，肆意流淌，凝固在他的脸上。当母亲转过身来，才发现眼前的这位小伙子，正是自己上大学的儿子。他为先前的举动懊恼不已，心疼而又难过。

"妈——！"儿子终于喊出了声音，疾步向前，紧紧抱住在寒风冷雪中不知待了多久而冻得瑟瑟发抖的母亲。

母亲含泪哭笑，喃喃自语道："不是妈不想回家，妈是担心你在同学中自卑，每天收了鞋摊，在远处偷偷看你，看你脚上的鞋是不是干净，看你和同学是不是在说说笑笑，打成一片了。事实上，妈的担心是多余的，你让我走时，我就走了。可我无论在哪儿，都是擦鞋，都能擦鞋，所以在这里支起了鞋摊儿……"

俗话说："没有鞋，矮半截。"母爱亦如是，母爱如鞋，因为他的母亲在幼年时就失去了双脚，却做了与脚息息相关的营生。鞋如母爱，天下谁无鞋？也因为母亲最看不得脚上没有一双好鞋的人。

　　这正是雪地里的母爱，如此圣洁和高贵，令人震惊和动容。母爱如鞋，鞋如母爱，母亲把生活的理念与温暖传给了儿子，自己却从未穿过一双像样而保暖的鞋子。

心灵悟语

　　母爱是一缕阳光，让你的心灵即使在寒冷的冬天也能感到温暖如春；母爱是一泓清泉，让你的心即使蒙上岁月的风尘依然纯洁明净。

说出你的秘密

美国人弗兰克·沃伦原是一个普通人，却做了一件非常有创意的事情。几年前的一次突发奇想，让他成为世界上掌握别人隐私最多的人。

几年前，沃伦经营的一家小型文件快递公司效益不太好，郁闷之中，他就产生一个创意，自掏腰包印制数千张明信片，走上街头分发给过往的陌生人，并告诉他们把心中从未与人分享的隐私写在明信片上，然后以匿名的方式寄给他。没想到，此创意很快得到响应。一封封写有寄出者隐私的匿名信像雪片般飞来。因此，弗兰克在过去的几年里，每天早上怀着期待的心情去查收信件。因为，他在成长过程中，从未有人这样开诚布公地与他分享过内心深处真实的世界和秘密。

然而，弗兰克在收到这些隐私后，并没有独享，而是每天花去大量时间，按照不同内容进行分类整理，为此，他还创建了一家名为"张贴隐私"的网站，然后把隐私发布在网站上，把匿名者的隐私公布于世。

几年来，弗兰克已收到大约50万张明信片，堆放在一起如同一座小山。如今，他的"张贴隐私"网站也成了全球访问量最高的无广告网站之一。弗兰克坚持认为，他这么做并非徒劳无功，而是一件非常有意义的事情。他说："通过了解不知名者的隐私，能让我们窥探其内心深处，感受神秘和奇迹，也同时提醒我们，这些隐私正上演着或已经上演了不计其数的人生悲喜剧。"

弗兰克对大量隐私进行研究和总结后发现，人们的隐私绝大部分与其本人的孤独有关，也包括自残行为和饮食紊乱等方面的内容。比如有一张匿名信这样写道："今天有一位粗鲁的顾客，我给了他一杯不含咖啡因的咖啡。"还有一人给弗兰克寄来一张明信片，上面印有多名好莱坞男明星形象，并告诉他："其中有一位男明星是我儿子的父亲，他给了我一大笔钱让我保守秘密。"

最后，弗兰克希望通过窥探内心并公开隐私的方式，给人以更多启迪。他如此承认："有时候，所谓隐私就是每个人心中都有的难以承受的秘密。令人惊讶的是，当人们有了分享别人秘密的勇气时，我们内心深处的人性才会被唤醒，同时，才会觉得自己是世界上最快乐的人。"

🌿 心灵悟语 🌿

藏在心底的秘密就像是搁在心里的石头，如果心疼的话，就拿出来，因为，心底无私天地宽。

走向卓越的美好品质

2012年1月中旬，一位17岁的美国女孩引起了全美媒体的高度关注，她的事迹传遍全世界。因为她收到了一份特殊邀请，将前往白宫参加总统贝拉克·侯赛因·奥巴马在1月24日举办的国会演讲。

在美国，小小年纪的她还只是一个高中三年级学生，她有何能力获得这样的特权和荣誉？据美国《新闻日报》报道，她正是在全称为"科学天才搜索"的高中生科研大赛中跻身半决赛的学生萨曼莎·加维。

"科学天才搜索"因其历史悠久在全美颇具声望，堪称"少年诺贝尔奖"。在这次有上千名美国高中生报名参赛的大赛中，通过展示自己的原创科研作品，加维过五关斩六将，凭借自己在海洋生物学方面的独有特长和视角成功晋级半决赛。

然而，谁也没有料到的是，媒体随即意外发现，就是这么一位天才级的高中女孩，竟然还是一名无家可归的穷孩子，生活贫寒得超出所有人想象。

1995年，加维出生在美国纽约州长岛地区的一个穷苦家庭。17年来，她虽然和父母一直生活在一起，但她是在收容所里长大的，一直栖身在萨福克县一处只为无家可归者提供避难的收容所内，生活窘迫程度可想而知。

加维的事迹经媒体披露后，无人不感到吃惊和动容。因为相比较而言，她不太可能在各项条件都顶尖的学校里读书，但她又是如何在贫寒、逆境中出类拔萃，并在长岛地区参赛的61人中脱颖而出进入半决赛的呢？

2012年1月17日，长岛议员史蒂夫·伊斯雷尔在正式邀请加维前往国会参加听讲时说："加维小小年纪就获此殊荣，不仅因为她的天赋，更源于她在贫寒逆境中拼搏的精神。"议员邀请加维的父母在自己的办公室里收看奥巴马演讲的电视直播。

随后，美国《新闻日报》也发表采访加维的文章，在对她卓越的成绩给予充分肯定的同时，教育专家也进行了深入解析。虽然加维在日常生活中举步维艰，但她具备了超乎常人的掌握知识的渴望和决心，并把它作为她成长过程中最优先重要的事和奋斗目标。

专家最后总结，一个人在成长和成功的进程中，要想变得卓越的最重要因素，并不取决于家境如何优越，也不是就读的学校优秀还是普通，而是他是否具备了常人未能拥有的独特品质和刻苦精神。因为，他必须以坚忍、耐心、毅力和纪律，不断克服失败、挫折和诱惑，跨越所有障碍或者杂念，心无旁骛地保持高度专注，集中精力严格执行所做的事，最终实现目标。

据说在2008年以前，从历届参加此项科研大赛脱颖而出的学生中，已经有6位最终成为"诺贝尔奖"获得者。萨曼莎·加维显然具备了这些特质和优势，贫寒不是借口，逆境不是绝路，从收容所走出一个科学小奇才，一点儿也不让人感到奇怪。

山高人为峰，少年壮志不言愁。不要问怎样做才能卓越，不要抱怨为什么没有成功，激情、刻苦、精通、专注和坚持，这就是一个成功者所具备的独特之处。

心灵悟语

走向卓越的重要因素还有很多很多，而其中"专注"二字无疑就是首要因素。只有做事专注的人，才能以饱满的激情竭力投入和坚持，也只有专注的人才能从贫寒逆境中破土而出，无畏刻苦艰辛，最终成为抵达彼岸的佼佼者。

成功的秘诀

南京女孩阮露斐曾就读于南京市第一中学。而今，她不仅成长为在世界大赛中屡有斩获的"女子国际象棋特级大师"，同时她也是清华大学的一名高才生。一年前的秋天，她奔赴美国卡耐基梅隆大学留学，硕博连读，并获得了学校为她提供的每年8万多美元的全额奖学金。

阮露斐是如何做到"棋开得胜"和学有所成的呢？

原来，阮露斐在很小的时候，父亲教她下中国象棋，小区里比她大的男孩子都下不过她，父亲觉得她有天赋，带她去体校学棋，去的那天恰巧教中国象棋的老师不在，因此，就是这么一次阴差阳错，她从此和国际象棋结下了不解之缘。

读高一时，阮露斐被省体院聘为职业棋手，一边上学，一边下棋，同时进入国家集训队，训练中充实而忙碌的生活持续了将近一年。

受"非典"影响，在空缺一学年的课程后，她重返校园，这时离期末考试已经很近了。她的课程知识出现了严重"断层"，学习压力之大可想而知。那段时间，她真有一种忙不过来的感觉，每天听课像听天书一样，在课堂上记住新知识，在课后再把"断层"补上。

经过不懈的努力，当课程前后贯通时，她常常有一种意想不到的感觉，会突然有一种恍然大悟和原来如此的惊喜之感。突击学习一个多月后，她竟考出了全班第八名的好成绩。

不仅如此，在高中三年里，阮露斐三分之二的时间是在象棋集训和比赛中度过的，在校上课时间还不到三分之一。

高考结束时，她竟考出586分的成绩。此外，在清华大学当年组织的冬令营考试中，她也是一考惊人，超出规定分数线40多分。清华大学随即承诺，只要她在高考中拿到300分就能按体育特长生录取她，而她竟以高出286分的惊喜成绩考入清华。

入读清华后，阮露斐就读的是经济管理学院的会计专业。她一边上学，一边下棋，参加了很多比赛，一路成长为"女子国际象棋特级大师"。2010年6月，她从清华大学毕业时，学业综合评分排名第二，是名副其实的高才生。两个月后，她申请到美国卡耐基梅隆大学的硕博连读资格。

对于棋手而言，下棋风格不外乎有两种：一种是天天下棋训练，才有感觉；一种是基本功扎实，努力就有进步。阮露斐显然属于后者，2010年12月，在土耳其举办的女子国际象棋世界锦标赛上，她一路过关斩将，直到遭遇队友——16岁少女侯逸凡，最终取得亚军席位。同时，她被组委会誉为本次比赛中"最黑的黑马"。

阮露斐在美国读硕博期间，依然坚持一边读书一边下棋，参加了2011年8月在俄罗斯、土耳其、亚美尼亚等多个国家同时举办的世界女子国际象棋大奖赛。

一次，阮露斐说起自己的成功时，一脸谦和与自信。她说："如果一个人的成功背后，天赋是其中的一个原因，那么另有两种能力是不可忽视的：一个是超强的自控力，另一个是坚韧不拔的毅力。"

🌿 心灵悟语 🌿

一根蜡烛两头烧，鱼和熊掌照样可以兼得，这就是她的成功秘诀。阮露斐正是凭着超乎常人的自控能力和坚忍毅力，读书下棋两不误，"双力合一"地成为她身上一双有力的翅膀，让生命充满激情，让成长神采飞扬，她的青春才如此激昂澎湃，无限辉煌。

鼻尖上站着一个天使

出生时，她便遭受不幸。由于患上了重度脑瘫，她注定一生都要与轮椅做伴。更为不幸的是，她的语言和运动中枢神经受到重创，成了别人眼里永远"长不大"的女孩。到了入学年龄，当别的孩子在欢声笑语中出入校园、在亲人百般呵护下欢度童年时光时，她却只能坐在轮椅上。妈妈带她去过许多幼儿园和小学，但没有一所学校愿意接收她。

她2岁多时，妈妈迫于生计，不得不走出家门，拜师学习裁缝手艺，而后开了一间裁缝铺。从此，妈妈做活，她蜷缩在衣服堆里，渴了饿了时，妈妈边做衣服边喂她吃点东西。

16岁，有着花样面孔和纯真笑容的她还大字不识一个，上学的机会越发渺茫。恰在这时，一个人的出现改变了她的命运。这个人就是一家特殊教育学校的校长，他将女孩作为特殊生，招至自己的特殊学校就读。

入学后，女孩有手却不能写字，上课时只能聚精会神听老师讲课。课后或考试时，她通过发出"咿呀"声音请同学或老师代笔做作业和考试。在校期间为不给老师添麻烦，她几乎一天不喝水或少喝水，绝不叫苦喊累。功夫不负有心人，她多次被评为县、市级的"三好学生"和优秀少先队员。

18岁时，一直在精神和物质上给予她关心和帮助的一位县领导，得知她对电脑非常感兴趣，掏钱为她购置了一台电脑。然而，她的双手完全不听使唤，如何操作鼠标和键盘？无奈之下，她决定尝试别的方法，使用自己的脸颊、鼻尖和下颌代替双手，一切从零开始自学电脑。

终于，她可以使用电脑打字、写作业和与人交谈了。鼻尖磨破了，下颌红肿了，但她乐此不疲，每天放学回家后，除做作业和看电视外，网上写作成了她耕耘不辍的新生活。2年过去，她用脸颊挪动鼠标，用鼻尖和下颌敲击键盘，在网上"笔"耕不辍，发表诗歌20余首、日记300多篇，写作水平取得长足进步。

这位只接受过6年特殊教育的坚强女孩，以常人想不到的特殊方式书写人生，创造了生命奇迹。5年后，23岁的她已创作文学作品20多万字，每一篇都是她的心血之作。这一年，她将自己饱含深情、满含感恩之情，同时洋溢着青春和爱的散文与诗歌，集结成著作《不屈的天使》。该书获得正式出版，实现了她坚持多年苦苦追求的作家梦。

1985年，她出生在沈阳市一个普通家庭，2006年被选为"感动辽宁十大新闻人物"。2011年8月的一天，27岁的她再度攀登生命的新高点，由妈妈推着走进了《共享——沈阳残联通讯》编辑部，正式上岗成为杂志社里的一名编辑。2011年10月20日，她和她的《不屈的天使》一书在沈阳首次公开签售，30分钟就售出200多本，她的故事令不少读者感动得当场落泪。

她叫赵晨飞，以常人难以想象的方式和不屈的信念，活出精彩人生，从而证实了生活的意义和价值，她被互联网等媒体喻为"用鼻尖书写人生的不屈天使"。

心灵悟语

贝多芬说："我要扼住命运的喉咙，它休想让我屈服！"美国百米赛跑选手盖尔德弗斯说："只要我活着，就一定要重返跑道。"断臂的钢琴师刘伟说："我的人生只有两条路，要么赶紧死，要么精彩地活着。"他们坦然接受生活带来的磨难，坚强地活着，最终成为生命的主宰。

我不是天才，只是"坐得住"

1994年，她出生在江苏兴化市一个普通家庭。很小的时候，家人带她学书法、拉二胡和练声乐等。自从5岁时开始跟启蒙老师学习国际象棋，她便深深喜欢上了这项运动，班上很多同学都成了她的手下败将，她被老师赞为"象棋天才"。

2003年，她还不满10岁，第一次走出国门亮相希腊，就夺得世界青少年冠军赛女子10岁组的冠军。回国不久，她即被国家队破格吸收为国际象棋队队员，作为历史上年龄最小的国家队棋手参加集训。

自此以后，这位名叫侯逸凡的小姑娘在历次国内国际大赛中一发不可收拾，创造了国际象棋界一个又一个神话。

2006年，13岁的侯逸凡已是世界最年轻的女子国际特级大师。次年，她依然是世界女子特级大师中最年轻的棋手。2010年她16岁，在国际象棋世界锦标赛上一举夺得冠军，成为世锦赛历史上最年轻的棋后。

2011年，她成功卫冕世锦赛获得冠军后，成为世锦赛有史以来唯一一位在18岁以前两夺世界冠军的棋手。外国媒体不禁惊呼："若真有人能代表崛起的中国，不是政坛人物，也不是互联网领袖，而是一位少女棋手。"

2012年2月初，侯逸凡再次续写传奇，在欧洲大陆直布罗陀国际象棋公开赛上，击败一众等级分超过2700分的男子国际特级大师获得亚军，也由此成为当今国际女子象棋界名副其实的第一人。在此前一役中，她战胜了被称为天赋异禀、国际象棋界罕见的"外星少女"、匈牙利女棋手小波尔加，引发业界轰动，成为世界新闻。因为她一举打破小波尔加20多年只在男子赛场征战，并在慢棋比赛中对垒女棋手的不败神话。

面对接踵而来的赞誉，自认不是神童，也不是天才的侯逸凡表现得淡定自若。她说："运气不错，一直都能碰到好的教练和老师，没觉得自己有什么特殊之处。"

知女者，莫如父。父亲侯雪健认为女儿能在世界女子棋手中成功突围，进入顶尖阵营，说明她具备了天赋因素，但更与持久的兴趣和努力是分不开的，并坚持认为女儿向来是能"坐得住"的人。因为在棋类比赛中，一坐就是一两个小时，随着年龄增长，参加成人比赛的时间会更长。

天赋方面，侯逸凡的确在象棋方面有着超强的推算力，能推算到百步之外。但还是其父亲的原话："有天赋，可以去尝试；坐不住，神童也白搭。"侯逸凡懂得下棋耗脑力也耗体力，所以她在下棋之外通过跑步、游泳和跳绳增强体质，让自己能经得住在高强度大赛中的双重消耗，坐得住、稳得住，最终力克对手，独放光彩。

心灵悟语

一个人具备某一方面的天赋固然幸运和重要，但先决条件必然是能够稳住身心坐下来钻研，心无旁骛坐得住，坚守于努力，专注于开发，把优越天赋一步一步转化为业绩和成就。只有坐得住，才能稳得住，身心必然物我两忘，才能将全部精力和定力投入到自己的兴趣、志向和努力中去，最终在既定的舞台和道路上创造一个又一个非凡业绩和惊世成就，成就石破天惊的传奇与神话。

妈妈的十字绣

　　浙江省嘉兴市秀洲区洪合镇有一位姓陆的妈妈，为履行她和儿子之间的诺言，自立下诺言始便亲手绣制北宋画家张择端的工笔画长卷《清明上河图》，陆妈妈信守承诺，坚持不懈，历时40个月之久，终于大功告成，儿子为此而无言哽咽，流下了感动的泪水。

　　事情起因还要从头说起，那时儿子在读初中二年级的下半学期，暑假里的一天晚上，由于他原本就比较贪玩，妈妈看到他的学习成绩非常不理想，忍不住数落了他几句。儿子却蹦出一句话："妈妈，你说我读书一定要有毅力，别老是嘴上说说而已呀，你也用毅力做一件事给我看看，绣个《清明上河图》的十字绣出来，给我做个榜样？"

　　妈妈听他这么一说，不禁倒吸一口凉气。因为十字绣本来是她的一个业余爱好，别说绣一幅《清明上河图》，即使绣一只小小的手帕，最快也得绣一个月，儿子竟然以此将她一军。但儿子的话既然说出了口，妈妈横下一条心，当即和儿子打赌，这就成了母子之间的一个约定。

儿子升至初中三年级，新学期开学，陆妈妈同时和儿子展开毅力比赛，花2000多元钱买来用于绣《清明上河图》的模板和各色丝线。然而，当所有材料摆至面前时，陆妈妈还是感到出乎意料，光丝线的颜色就多达87种，装在半米多高的纸箱里，再把这些丝线绣成《清明上河图》，该是多么庞杂而又艰巨的工程啊。但开弓没有回头箭，一言既出，驷马难追，她稍做规划，就立刻行动起来。从此，她每天坚持白天上班，忙碌生计，晚上回到家，做完家务便即刻坐下来做十字绣，一坐就是三四个小时。

一幅原版完整的《清明上河图》宽24.8厘米，长528.7厘米，且在5米多长的画卷里，共绘有550多个各色人物，牛、马、骡和驴等牲畜共50多匹，车、轿和大小船只各有20多处，房屋、桥梁和城楼等各具特色。

陆妈妈坚持绣了一年多，有一次，儿子主动走过来，心疼地和她商量："妈妈，别绣了，你这样一直绣下去，会伤眼睛和身体的。"陆妈妈却一脸坚定地说："妈妈不是答应过你吗？我必须坚持绣完《清明上河图》，不过你答应过妈妈的事情，也要努力做到，读书一定要有毅力啊。"儿子听了她的话，眼泪已经忍不住地流下来了。

陆妈妈连续绣了三年零四个月之后，她的十字绣《清明上河图》终于提前完成。她把这幅十字绣交由一家装裱店进行装裱，并据当地一家十字绣店的店主估价，至少价值25万元人民币。

　　然而，当有人出更高的价格来购买时，陆妈妈婉言谢绝。她说："别人给再多的钱也不卖，我就是要把它装裱起来，放在家里让儿子看到，牢记我们最初的承诺和约定，做任何事情都不能半途而废。"

心灵悟语

　　成功者最明显的标志，就是他坚强的意志。不管环境变化到何种地步，他的初衷与希望仍不会有丝毫的改变，他最终会克服障碍，达到期望的目的。

指尖上的追梦男孩

2012年3月上旬，一则"南京小男生获得42000英镑（约合42万元人民币）奖学金，敲开最牛音乐学校大门"的新闻登陆各大媒体和网站。13岁的吴韵喆考入号称"音乐天才培养摇篮"的英国梅纽因音乐学校。他有一个非常特别且自称为"非暴力虎爸"的父亲。

少年小提琴手吴韵喆是如何报考并成功入读这所学校的呢？在20世纪八九十年代，中国内地已有4人毕业于此学校，其中包括享誉世界且被国际权威音乐杂志The Strad誉为"难得一见的天才"的中国小提琴家吕思清。

建校于1963年的梅纽因音乐学校，因创办人是犹太小提琴大师耶胡迪·梅纽因勋爵而举世闻名，校址就坐落在英国伦敦西南部一个叫苏莱郡的乡村里，环境幽美，却几乎看不见校牌。近半个世纪以来，学校只招收8岁至18岁来自世界各地的"天才"学生，以孕育杰出的音乐英才为己任，是全世界无数琴童梦寐以求的音乐圣殿。

早在2011年，吴韵喆12岁时一共报考了3所院校，被这3所院校全部录取后，她选择了倾慕已久的梅纽因学校。吴韵喆从世界200多名报考生中脱颖而出，顺利通过潜力面试，按照学校规定必须住校3天，继续考察他是否能够融入学校的教育活动和课程生活。

吴韵喆并非来自一个音乐家庭，其父母的培养方式并不严厉苛刻，而是完全出于父母爱心而采取的本家庭特有的培养方式，是和孩子一起追梦的结果。

吴韵喆6岁时开始学拉小提琴，一个月后就梦想着将来要当一名小提琴家，因为父亲曾经告诉他，小提琴家不仅可以到世界各地演奏，还可以去很多地方玩儿。因此，最初的吴韵喆正是奔着周游世界的梦想，踏上了直奔英伦小提琴音乐家的追梦之旅。

在吴韵喆学琴过程中，父亲一方面想方设法帮孩子拜师学艺，一方面做儿子的"经理人"，身体力行，事必躬亲。6年来，吴韵喆在国内外共拜过9位老师，每一位老师都很喜欢他，但求学之路无疑是一程比一程艰辛。有时为了去上一个小时的琴课，父子俩会坐火车往返于南京与上海之间，父亲和儿子一起去学琴；有时全家齐出动，风雨无阻，骑车数十千米，父亲就是忙前忙后的"经理人"，母亲也要忙着记笔记，为儿子保驾护航。

正是有这样一个挺特别的父亲，和吴韵喆一起学琴，一起玩耍，一起追梦，吴韵喆才有了更宽松的成长环境和更广阔的想象空间，梦想的翅膀才更加强健有力。和孩子一起追梦的父亲在接受媒体采访时说："孩子是家长极其重要的一部分，但不是家长生活的全部。在和孩子一起追梦的过程中，我从没有把所有精力放在孩子身上，我也有我的事情和工作要做，但孩子要追梦，要当小提琴家或别的什么，那么我就帮他追梦，和他一起追梦。"因此，吴韵喆也被媒体喻为"指尖上的追梦男孩"。

※◆※ 心灵悟语 ※◆※

　　追逐梦想，就是追寻金色的希望。每一次扬起风帆去远航，难免都会受阻挡，只要有梦想在鼓掌，未来就充满希望。

有梦的人生才精彩

有一位美国老人，名叫谢尔登·阿德尔森，自小在贫民窟长大，因为敢于做梦，12岁以报童起家开始创业，打拼40多年成为全美第三富翁。74岁时财富一下蒸发超过90％，继续打拼再登富豪榜。这位老人的跌宕人生路就像过山车一样惊心动魄，而他却是世界上财富增长速度最快的富豪，不能不说他既是不可复制的奇迹，更是令人叹为观止的神话。

出生：1933年出生，全家6口人只有一张床和一间房，挤住在美国波士顿的一处贫民窟里。父亲是一名出租车司机，母亲为生计在家中干些缝纫杂活贴补家用。

12岁：在贫民窟长大的他，跟叔父借了200美元，租下街边的两个摊位，开始卖报纸创业，这一干就是8年。

20岁：结束在街头颠沛流离的生活，敢于做梦，不断发现并抓住商机，卖洗发水、剃须膏等给汽车旅馆。随后当兵以及考上大学学习理财，走出校门，做贷款经纪人、投资顾问和理财咨询师等。

30岁：前往纽约寻求发展，从事媒体广告业务。尝试无数行业，成为一名管理着500万美元基金的风险投资家。1969年股市大崩盘，他损失惨重，抽身投资圈，进军房地产业。没过多久，他的业务受到重创，房地产生意就此关门。

40岁：1979年他通过自己投资的一本计算机杂志，在拉斯维加斯创办了计算机供货商展览Comdex，以100美元一个摊位的价格向主办地政府租赁展览场地，再以50倍高价租给参展商，积累下巨额财富。20世纪80年代，计算机行业蓬勃发展，Comdex展览会很快成为全球最大的计算机展会。

50岁：迎来IT业黄金时代，人们无不想对Comdex展览会上的最新科技产品一睹为快，比尔·盖茨、史蒂夫·乔布斯等IT财富英雄的演讲更是展览会吸引人的重头戏。8年后，参展商已达2480家，参观者超过21万。1989年，他以1.28亿美元买下金沙赌场酒店，以此转战并不熟悉的博彩业。

60岁：被人称为"会展之父"，以8.6亿美元高价将Comdex展会卖给日本软银，此交易令他成了真正的富豪。投资15亿美元重建金沙赌场酒店。3年重建后，酒店占地63英亩，与美国最大会展中心相连，成为一座全球最庞大的集住宿、娱乐、博彩为一体的"威尼斯人度假村"，此项目确立了他在拉斯维加斯的富豪地位。

70岁：2003年身家超过30亿美元。不到3年，以每小时将近100万美元的速度，迅速赚取205亿美元，购买私人飞机14架，拥有全世界最大的私人飞机群。2007年财富上升到265亿美元，位于《福布斯》全球富豪排行榜第6位，在美国排名第3，仅次于比尔·盖茨和巴菲特。

74岁：2007至2008年间，金融危机爆发，他旗下的金沙集团股价下跌，一年之间损失250亿美元，财富缩水超过90%。从谷底到顶峰花了40多年，从顶峰坠落谷底却只用了1年。但他从顶点跌入谷底后再次登上了顶峰，不得不说是一个奇迹。短短2年，他重新积累财富近150亿美元。2009年成为《福布斯》杂志富豪排行榜有史以来，财富增长速度最快的人之一。

78岁：谢尔登·阿德尔森的左腿饱受神经病变的痛苦，走起路来只能靠一根拐杖支撑，但就是这么个老人依然敢于做梦："总有一天我的财富要超越比尔·盖茨，变成世界首富。"然而，当被问及他的财富少于比尔·盖茨300亿美元，是否有兴趣回到从前的排位时，他的眼睛豁然发亮，最后这样回答："为什么不呢？我就是敢于做梦才拥有今天的财富。"

❀❀ 心灵悟语 ❀❀

梦想绝不是梦，两者之间的差别通常都有一段非常值得人们深思的距离。

人生的方向不止一个

　　11年前，加拿大人贝利沃不幸破产，深受打击，人生的挫败感时时侵蚀着他的身心，终日寝食难安。为排解内心压力、摆脱消极情绪，寻求心灵上的安宁，贝利沃决定去远方旅行。

　　一切准备就绪，他身背简单行囊，手推一辆装载着睡袋、衣物和急救箱的婴儿车，从加拿大的蒙特利尔市出发。确切地说，按照出门前的规划行走，他要去进行一次长久的环球旅行，而且这一别就历时整整11年，他步行穿越64个国家后，才回到自己的家中。沿途，他翻山越岭，横渡沙漠，吃过昆虫，睡过桥墩。他的行动被联合国教科文组织发现，贝利沃又毫不犹豫地响应号召，肩负起沿路宣传反对虐待儿童理念的重任，他的徒步旅行具有了新的重大意义。

　　11年，并非是一朝一夕那样短暂。漫漫长路，孤独难耐，贝利沃坚持长时间走下去的决心和勇气，正是源于背后远方亲人们的支持。

在过去的11年里，他克服疾病的困扰，躲过醉汉的抢劫，排解想家的寂寞，承受被扣留的无助……所到之处，他更多地看到人与人之间的和谐状况，靠信任赢得异国他乡陌生人的赞许，受到荷枪实弹的士兵护送礼遇，有时和流浪者同睡在避难所里，有时被好心人邀请至家中同餐共宿……然而，他和远方亲人的心时刻拥在一起，从未分开。

11年后，贝利沃绕过最后一条路——世界第十四大湖——安大略湖北岸进入加拿大，途经首都渥太华回到阔别已久的蒙特利尔家中。环球旅行长达11年，而贝利沃的步履依然是那么轻盈，让人丝毫感觉不到他已经徒步行走了7.5万多千米。这时，尽管他已56岁，但满脸轻松，容光焕发。

贝利沃在接受迎接他的记者采访时说："我想告诉大家，不要气馁，也不必逃避，你可能一时改变不了挫败的打击，但你依然可以改变自己人生的走向，重新起步，东山再起，最终，你从哪里来，还是要回到哪里去……"

心灵悟语

条条大路通罗马，只要能及时地因势利导，化被动为主动，或一桥飞架，或迂回前行，你依然会有崭新的转变，获得成功。

输在起跑线上不等于输在终点

　　小时候，他喜欢玩三节棍、飞镖之类的自制玩具。上小学时，他喜欢每天去教室外的操场上跑步、打球，而待到考试时，他却快乐不起来了，学习成绩总在众人之下，班级排名位居倒数。

　　小学三年级时，他由上海来到成都，和爷爷奶奶一起生活。在转学过程中，由于入学考试不合格，本应入读四年级的他只得留级，再次从三年级读起。

　　中学时，他比较喜欢的科目是历史和地理，却对数、理、化科目感到非常头疼。为此，父母请来了学校里最好的老师为他补课，但他的学习成绩仍是提不上去。

　　16岁那年夏天，一家留学机构到成都招考留学生时，他正在读高中。面对这一机遇，全家人都觉得与其让他苦苦煎熬，成绩倒数，不如让他换一个生活方式，一致支持他出国留学。几天后，他带着一种"胜利大逃亡"的心境，踏上了赴美国留学的旅程。

然而，到达美国后他惊呆了，本以为想象中的美国遍地高楼林立，而最终到达的竟是一座乡村中学，位于美国西岸俄勒冈州中部一个叫"密歇尔"的小镇上，全镇人口只有350人，而作为镇上唯一的一所中学，全校学生还不到50人，他惊讶得目瞪口呆，说不出话来，心理落差极大。

但他还是安心待下来了，并很快重新找到了自己的快乐点，就是这所学校的体育精神，因为他可以一边学习英语和规定课程，一边放开身心在操场上跑步和参加篮球训练。到高中毕业时，他的个人体能和篮球技术得到很大提升，他已是这所学校篮球队的主力队员。而这一切，给他带来了前所未有的快乐和成就感，学习上也取得更大进步。

留学一年后，他选择报考大学，但考虑到自费留学和学习成绩等个人条件，最终他选择了一所不太出名的大学——东俄勒冈大学就读。大学二年级时，他经过反复权衡，决定攻读密歇根州布莱德商学院的供应链管理专业，这是出于学费比同级大学便宜的缘故，更重要的是该学院拥有全美排名第一的供应链管理系。2003年，热心公益的他牵头组织并筹办了学校里第一届中国供应链论坛，从最初没有嘉宾到场，没有一分钱赞助，到最后论坛规模空前活跃的局面，还节余了1.5万美元，一直作为创立该论坛的基金被学院保留下来，专用于每年奖励一位愿留学中国和从中国来留学的最佳学生。

21岁，他从布莱德商学院毕业，获得多家世界500强公司的青睐，就职于全球最大电脑商之一的戴尔电脑公司。三年后，25岁的他决定报考哈佛大学商学院，GMAT测试考了3次才通过，最后经过层层面试和选拔，他被哈佛大学商学院录取，攻读MBA。

他在哈佛大学商学院的求学生涯刚一结束，就去了花旗银行工作，很快他成为花旗银行十名"全球领袖计划成员"之一。一年后，他不忘自己出国留学的初衷，毅然做出决定，回到祖国怀抱，成为中国联想集团总裁的高级助理。他，就是被媒体誉为"输在起跑线上的哈佛男孩"于智博，写出《留学美国三部曲》《DELL新丁／Rookie》《敲开了哈佛商学院大门》等著作的人。

的确，输在起跑线上，不等于输在终点。正如一位成功人士说过，哪怕你是一只蜗牛，只要能够爬到山顶，和雄鹰所看到的景色也是一样的。

心灵悟语

走在你前面的人迈一小步，落后于人的你就迈一大步，这样，你和领先者的差距会变得越来越小，迟早会追上去，甚至能很快超越那些走在前面的人，你一定能成为最后的赢家。

特别狠心特别爱

　　她，棕色的头发，黑色的瞳孔，兼具着东西方女性的特征，原来她的父亲是以色列人，母亲是中国人。她就是具有中国和犹太混合血统的中国母亲"沙拉小姐"。

　　她是一位富有传奇经历的母亲，离过三次婚，曾经很长一段时间，她成了独自抚养三个孩子的单亲妈妈。她41岁时，中国和以色列建交，她只身领着三个孩子第一次到了父亲生前魂牵梦绕的故乡以色列。站在寒风凛冽的街头，她跟三个孩子说："现在我们的处境很糟糕，你们看该怎么办？"此时，三个孩子中最大的也才12岁，为了能养家糊口，她想到了做中国的传统美食春卷，然后卖给当地人吃。

　　都说犹太人的教育观享誉全球，她从以色列那里学到了教子真经。在中国，一般人都把"没有条件，创造条件也要上"用在克服困境上，而在犹太人父母那里却是眼前没有了艰苦的生活环境，即使创造条件也要让孩子明白什么是苦难，什么是汗水，什么是生活的真谛。和多数民族将胜利、喜庆作为节日不同，犹太人最盛大的节日是纪念苦难的日子。

不久，因为母亲的求助和信任，三个孩子个个显示出奋不顾身的勇气和毅力，积极参与到卖春卷的生意中去，这样，每个春卷可以赚到7毛钱。一天晚上，菜市场都已经收摊了，三个孩子便开始一个摊位一个摊位去收购摊主卖剩下的菜，一筐筐朝家里提。他们对妈妈说："妈妈，这样成本会低一点。"

随着生活条件的改善，沙拉决定把孩子送到贵族学校去接受教育，正是因为她看到了这些贵族学校不提供锦衣玉食，比如男孩子被要求洗冷水浴，不准盖过厚过暖的被褥，用洗衣板洗衣服，用扁担挑水做饭，给孩子们吃的是符合营养的粗茶淡饭。越是恶劣天气，老师越故意带孩子们去操场上锻炼身体。几年后，为改变女儿柔弱和娇气的性格，沙拉不惜将唯一的女儿送去服兵役。

沙拉对子女的理财教育也有一套独特的方法，按犹太民族惯例，从孩子三四岁开始就开设家庭理财课了。沙拉教育孩子从小明白金钱与购买之间的关系，允许孩子拥有属于自己的零花钱，鼓励孩子购买喜爱的零食、玩具或者衣服等。在消费之后，沙拉也常跟孩子交流购物"感受"，帮他们分析这次的消费是否合理和必要，让孩子从中获取经验或吸取教训等。她认为，与其让孩子每次向家长苦苦"乞讨"，还不如定期给孩子一笔零用钱并做出某些消费限制方面的规定。

如今，沙拉的两个儿子均已成为钻石业千万富豪。然而，为不磨坏袜子，大儿子在卫生间里贴着一张纸条："不要忘记定时剪指甲。"每次出门前，二儿子都要自己带上一瓶水，然后对她说："妈妈，帮我做一块三明治吧。"一个千万富豪，却从来不在外面吃饭。

想要富三代，妈妈要"狠心"爱。这就是传奇妈妈沙拉的故事和"狠心"妈妈的教子心经。她将她的人生传奇和教子秘籍全部写入了《特别狠心特别爱》一书中。

心灵悟语

有时严厉是一种塑造，苛求是一种期待，有了此时此刻的狠心要求，才能有他日成功后的会心一笑。

为梦想固执

其实成功的路上并不拥挤，因为生活中为梦想坚守的人不多。为实现梦想，如果你足够坚持，足够任性，足够固执，足够打动人心，总会有一种力量助你一臂之力，让你梦想成真。

85后的靳扬就是一位技术白领，毕业于上海同济大学交通运输工程专业。然而他玩音乐已有10年之久了，他最大的梦想就是举办一场属于自己的万人演唱会。

10年前，靳扬高中毕业时才拥有自己的第一把吉他，并花了300元学费拜师学艺。进入大学后，他第一次参加校园歌手比赛，因台风不佳而落选；次年组建一支乐队，担任队长和吉他手，再次参加校园歌手比赛，再次落选于十大歌手之外。乐队无奈解散，靳扬选择了单飞。

靳扬20岁时，经过两年多的坚持和磨砺，各项音乐技艺有了质的飞跃，分别参加上海嘉定区及校园歌手两场比赛，均力拔头筹，获得"嘉定之星"冠军和校园"十大歌手"称号。次年，靳扬作为在校理科生，得到校方资金支持，在大学内举办了他平生第一次个人演唱会。

之后，靳扬读大四、考研，音乐和歌唱梦想与其相伴相随。大学毕业，靳扬前往法国留学期间，策划了巴黎华人大型春节晚会，参与华人学联，组织了留学生晚会和小型浪漫之夜弹唱会等各类文艺演出活动，得到了驻法大使和其他留法学生的支持和称赞。靳扬25岁时回国，结束同济大学硕士论文答辩后不久，他忍不住再为梦想出发，组织往届获得过校园"十大歌手"称号的所有校友和同学，在母校举办最后一场大型演唱会。

一年前，靳扬获得硕士学位，告别大学校园前往北京工作，成为北漂，是典型的技术白领。靳扬工作之余不忘初心，重新找到音乐伙伴，自买设备，开始在北京的各处街道唱歌。一次偶然机会，靳扬被一家酒店老板看中，从此他又成了酒店、咖啡店的驻唱歌手，歌唱及琴艺水平得到很大长进。

这时，靳扬已坚持梦想达8年之久，从学业到工作，从国内到国外，最后再回到国内，无论其人生的轨迹如何变化，他从没有放下吉他、放弃唱歌，一直坚持追梦。

后来，靳扬报名参加由著名演员陈道明为代言人的"致梦使者"微博活动，经过为期3天的线上公开投票，身为北漂白领的他终以超过24000票的得票数成为"梦想成真奖"得主。根据活动承诺，靳扬将获得活动方的全程协助，实现其举办一场万人演唱会的个人梦想。

紧接着，在"致梦使者"全程协助和支持之下，历时3个多月的筹备和策划，经过多年来一次又一次历练的靳扬，首先在北京成功举办了一场属于他自己的个人预演演唱会。一周之后，在日均观看人数破万的北京草莓音乐节上，靳扬作为开场嘉宾，再次被带到更大的音乐节舞台，面对万人观众演唱他的原创曲目《一起追梦》，唱出他在过去9年里的不懈坚持和梦想，让世界听到了他的声音。

参加完草莓音乐节，作为非职业歌手的靳扬不无感慨地说："放弃梦想可能只要一秒钟，坚持梦想可能却要一辈子。如果没有之前多年的一点一滴的努力和坚持，就不可能有实现梦想这一刻的光辉。"

靳扬追梦和圆梦的故事慢慢落下帷幕之后，他或许还会为生活而在自己的专业技术领域继续拼搏奋斗，音乐和唱歌对于他及家人来说，或许没有任何经济利益可言。音乐也许最终无法成为他的终生职业，但他敢于追梦、更勇于坚持的信念，必将永远支撑着他继续前行。

心灵悟语

为梦想坚守，为梦想发声，就算生活让人迷茫、歌声不如从前嘹亮、前方的路依旧漫长，你仍然可以脚踏实地选择坚持，追求梦想。

与漂亮的水母共舞

在电视节目中，我们或许看到过有关海洋水母的纪录片，原本在水族馆才能看到的水母，其实是比恐龙出现得还早的生物。别看它们的身体结构原始而简单，在水中它们却轻盈飘逸，自由蹁跹，舞姿婀娜，令人一见倾心，惊艳不已。

王文龙自小在海边长大。长大后，在上海读完四年的大学，本科毕业后再读硕士，念的都是水产养殖专业，始终没有离开"海"。

一次偶然的机会，王文龙在参观海洋馆时，被展示缸里姿态优雅的水母深深吸引住了。只见5只水母在彩色灯光的映衬下舒缓飘逸，翩翩起舞，旁边也站着一位姑娘看得入神，好久才恋恋不舍地离去。

看到这样的情景，王文龙怦然心动。因为在水族市场上，有养热带鱼、珊瑚或乌龟的，却从未见过有卖水母和养水母的，但海洋水母的确有非常高的观赏价值。

王文龙越想越激动。回到大学校园，请教导师冷向军教授后得知，原来在国外已有人把水母当作宠物饲养，而在国内人工繁殖水母技术才刚刚起步，且只有少数海洋馆掌握，大部分海洋馆展示的水母不是靠高价进口，就是靠野外捕捉，因而在生活中，很难觅到观赏水母的踪迹。

王文龙抱定决心挑战"空白"，尝试依靠聪颖和智慧进行水母人工养殖计划，让这种在大海里生存了6.5亿年的原始动物，能够一年四季地在陆地上和城市中生活，成为人们普遍喜爱的美艳新宠。

踌躇满志的王文龙前往苏州白马涧采样，带回水母活体进行研究，查了好多资料，养了两个多月，正要大干一番时，各种难题却接踵而至。由于国内针对水母的研究资料极其匮乏，他不得不借助和依赖国外文献，但所能查找到的只是一些简单的养殖知识和常识性的科普资料，所获不多。这在专业教科书上空白一片的水母养殖，却一下子成了拦在他前进道路上的障碍。首次实验，以惨遭失败而告终。

不久，王文龙再次起程，顶着烈日跑回山东老家威海、文登和青岛等地，在青岛海域雇了一条渔船，跟父亲一起出海，花了整整两天时间，采样到了30多只野生的"海月水母"，又连夜乘坐长途大巴运回上海。这是因为他查遍资料后发现，相比之下，海月水母的养殖难度更低一些。

这一次，王文龙重新做了精密规划，前期准备更为周详，却依然难逃屡战屡败的命运。要在人工环境下模拟出水母在海洋里的繁殖条件，除了按比例配置好人工海水，还得在水温、盐度、光照、水中微量元素种类、酸碱度以及专门用来喂养水母的饲料等多项指标和各个方面严格要求，调配出最适宜水母生存的海洋环境。

然而不久，被采集来的30多只水母还是出现了"水土不服"迹象。王文龙为搞清楚人工繁殖失败原因，改成以一个月为试验周期，一次次调整养殖条件，但仍然效果不佳。

水母的成长过程非常复杂，从幼体"孵化"到第二代蝶状幼体，需要水流环境时缓时急，必须精确模仿自然界海水波动，如果把握不好，必然前功尽弃。王文龙花了大半年时间，一连做了7次试验，屡败屡战。最后，30多只水母仅剩两雄三雌共5只水母幸存下来。

有一年春节，王文龙没有和家人团聚，而是独自一人在实验室继续观察。一直"蹲守"到大年初五，他像往常那样查看养殖缸，突然发现养殖缸内有了一些芝麻粒大小的褐色微粒。激动不已的王文龙随即透过显微镜观察，终于看到了十几个欢快游动的褐色蝶状幼体。原来，这些微粒就是水母诞下的"蛋"和活体的"水母宝宝"。

王文龙寸步不离，精心饲养，小水母们"海吃海喝"，自由成长，已长到了2厘米左右。又过了几个月，随着培育技术不断成熟，王文龙人工培育的小水母已从最初的11只，奇迹般地增长到了数千只。

水母繁殖，初战告捷，然而要将它引向千家万户，非常不容易。经过不懈努力，上海外滩附近的一家五星级酒店，以及嘉兴、南京等地的酒店也开始引入他的水母。甚至云南、内蒙古等较远的省份和地区，有人专门作为爱情信物，预订一大缸水母送给恋人。几年后，王文龙的水母得到不断开发和广泛的市场投放，他已拥有比较稀有的紫纹海刺、姿态婀娜的天草水母、形态活泼的澳洲斑点水母等十多个品种。

适合家庭饲养的水母缸及养护用品投放市场后，也大受欢迎，一只水母的价格从几十元到数千元不等。水母耗氧量极低，用专用海盐配制的海水比饲养热带鱼的花费还要少很多，半个月到二十天换一次水，一个星期擦一遍缸壁……越来越多的都市人成了"水母控"。

心灵悟语

坚持自己的梦想，生命需要一种执着。随着人工养殖技术提高，观赏宠物水母让更多的人在奔波劳碌中，放慢脚步真正享受原本简单的生活，"游"进千家万户，让越来越多的普通市民感受到神秘而梦幻般的水母之美，给人带来心灵与情感上的平静、深邃和惊艳之感。

让 NBA 为自己"打工"

　　因为叫"李泉"这个名字的人过于常见，所以他为自己取了个网名叫"大嘴泉"。1981年5月2日他出生在江西赣州，现居北京西城。

　　李泉是一位知名的体育漫画家，更是一位将漫画与NBA完美结合在一起的专家级人物。每一个钟爱NBA且看过他漫画的人，都会不由自主地成了他的粉丝，他的推崇者难以计数。不仅如此，甚至远在美国的篮球明星巴蒂尔等人也非常喜欢他的漫画作品。

　　一个以画漫画为生的人，能和NBA有什么联系？李泉的一段话，能一言以蔽之："感谢NBA，因为它，才让我成为有车有房一族。"

　　小时候，李泉就喜欢看漫画和画漫画，最早看日本漫画。当看过日本版的变形金刚后，他就忍不住拿起笔开始模仿着画漫画，后来他又模仿圣斗士和七龙珠，他的漫画水平也渐渐得到提高，画功大有长进。在模仿画漫画的过程中，日本漫画大师鸟山明及其作品成了李泉的偶像和心目中的最爱，深刻地影响着他后来的漫画创作生涯。

长大后，李泉来到北京，成为"北漂"中的一员。"北漂"之初，和大多数人一样，他过着极其"草根"的打工生活。梦想很美好，现实很残酷，李泉作为一名普通的平面设计师，工作和生活是完全混乱的，什么时候工作需要，他就醒着，直到把工作做完才停止。在工作之余，除睡觉外，若有空闲之时，他才能画几张自己喜欢的漫画，聊以自慰罢了。

后来，一次偶然的机会，他在看美国NBA篮球联赛实况转播时，被场上你拼我夺、技艺高超的精彩表演深深地吸引了，心想比赛虽然好看刺激，但氛围难免令人紧张和窒息。于是他灵光一闪，反其道而行之，何不用漫画的形式表现一下这些生龙活虎的大球星呢？让他们成为自己笔下的漫画原型，变成一个个可爱的卡通形象，或许能给人带来更新鲜的感受以及别样的快乐。

漫画家的生活是清苦的，但终于功夫不负有心人，当一幅幅活灵活现的NBA球星形象的漫画传上了网络，在各大纸媒登出后，无论是最传神的麦迪还是最难画的科比，以及奥特曼一般的"鼓眼姚明"都得到众多NBA球迷的疯狂喜爱，大获成功，甚至连阿泰斯特、巴蒂尔和穆托姆博等大腕球星也来到中国，纷纷和李泉合影留念。

无论在网上还是在社会各界，追捧李泉的粉丝不计其数，他的第一本漫画书《大话NBA——赛事精选篇》赢得了成功。李泉才是画NBA漫画的中国第一人，他也终于从最初的"北漂"，一个在大都市打拼的普通平面设计师，一跃成为体育漫画界的"明星"。

而这一切实质性的收获，正是缘于那些远在美国的NBA球星们，他们个个成了李泉笔下的漫画人物，而这些也让他一步步走到了今天，迈向成功，拥有财富。

心灵悟语

借助于车马的人，不必自己跑得快，却能远行千里；借助于舟船的人，不必自己善水性，却能渡江河。善于借势者，一顺百顺，事事如意；不善于借势者，处处掣肘，举步维艰，凄风苦雨。

10年"玩"出蜡烛画

林经荣1990年出生在福建省安溪县一个叫龙门村的普通小村庄，他小时候喜欢画画，更喜欢天马行空地想象，自小对蜡烛怀有特别的情感。蜡烛既是他的把玩工具，也是他的伙伴。

10年前的一天晚上，读初三的林经荣第一次发现蜡烛泪的魔力。蜡烛熔化后，不小心滴在了画纸上，不仅没有把纸张弄脏，被烛泪浸过的纸，反而还呈现出晶莹剔透的透光效果，这让他感觉非常新奇。当天晚上，他便产生了用蜡烛作画的想法。

林经荣第一次用蜡烛作画，是一幅他所创作的荷花图。由于是全新的作画方式，没有任何经验可循，他先用铅笔勾勒出荷花的轮廓，再用勺子把红白两色的蜡烛烧熔，尝试着将烛泪分别泼上去填色，这才初步有了红白相间的荷花形象的效果。

第二天，林经荣欣喜地将荷花图带到学校，得到了老师和同学们的一致赞许，这点燃了他用蜡烛作画的创作激情，让他自此走上了一条蜡烛画之路。

蜡烛作画的过程不仅是全新的艺术创作，更是在创作技法和创作工具上的发掘之旅。近10年来，林经荣经历了从初中到高中、从高中到大学的求学生涯，他顶住了家人的不解与反对，创作上的艰辛与痛苦，生活上的简朴与困窘，钟情于蜡烛画的初衷和梦想矢志不渝，最终成就了一片天地，成功开拓出一种新的绘画艺术——透光蜡画。

林经荣考上高中后，红白两色的蜡烛画已满足不了他的创作欲望。最初阶段，由于蜡烛画没有任何可供学习的模板，作画工具也是自己在不断"发掘"中找到的。

为得到丰富的色彩颜料，林经荣首先想到将各种颜色的蜡烛熔在一起，之后才想到使用色彩较为鲜艳夺目的蜡笔和蜡烛相熔。因为蜡笔色彩更丰富，画在纸上没有渗透性，缺点是不能通过反复叠加求得复合色，蜡笔和蜡烛熔合后，则能取长补短，相得益彰，既满足复合色彩的需求，又能产生透光效果。

高中时代，林经荣尝试过很多作画方法，除了使用蜡烛和白纸，还购买了酒精灯、烧杯和铁板。酒精灯和烧杯用来熔化蜡烛，铁板用作铺画纸。但在前期各种尝试中，因蜡烛熔化温度比较高，他也曾采用过木板和铁皮铺纸，均不合适，最后才决定采用坚硬而光滑的铁板。最大的难题是，他还没有找到更为合适的画笔。

　　此时，林经荣对蜡烛画的痴迷已达到"走火入魔"的程度。有一次，他在对蜡烛加热时没有掌握好温度，蜡烛"腾"地一下，燃烧起来，整个房间浓烟滚滚。父母的呵斥之声传来，他才如梦初醒，及时扑救，险些在家中酿成火灾。高中三年，父亲也因为担心他因此荒废学业，没少跟他红过脸。

　　林经荣第一次参加高考以失利而告终，这更加剧了他和父母之间的矛盾。父亲一气之下，甚至向他发出最后通牒："一是拿上我预备给你上大学用的全部学费远走高飞，不再回头；二是你先放下画画，全心投入复读，参加复考。"

　　第二年，林经荣如愿以偿考上了南昌工程学院动漫专业。父亲本以为他喜欢画画才选择了跟美术有关的专业，其实不然。林经荣给自己树立了更长远的目标，如实回答说："学动画，只是为了将来可以运用动画专业的视频技术，为我的蜡烛画巡回展做视频资料。"

　　入读大学后，林经荣更加坚定了对蜡烛画的执着探索和追求之心。学习之余，他一方面挤出更多时间到各处写生或创作，一方面加紧寻找能够让他得心应手的"神奇画笔"。功夫不负有心人，有一次他出外写生，抬头间突然看到一棵柳树的枝条上，挂着一枚虫子做的茧，即刻引起他的注意："这不就是我要苦苦寻找的'画笔'吗？"他很快联想到用蚕茧作画笔。

　　林经荣还是一名大二的学生时，校方为他开设一了一间蜡烛画工作室，助其继续专心研究蜡烛画。在这间工作室里，他就是透光蜡画的首创者。为了让透光蜡画画面更富于艺术表现力，林经荣又自行研制一种超薄的LED灯箱装置，以获取最佳灯光效果，蜡烛画则装裱在灯箱装置上，通过画面背后的灯光映衬，透光蜡画显现出神奇的光影和色彩。

林经荣还在学校成功举办了"烛光画韵"个人艺术作品展，展示高中以来所创作的100多幅蜡烛画作品。一幅幅充盈着生活气息和艺术灵感的蜡烛画，通过饱满丰富的色彩和脉络清晰的线条，绽放出浓厚的人文气息。他的透光蜡画以"尊重自然、取材自然、表达自然"的创作思维，独特的艺术形式及作画技法，让人惊叹不已。透光蜡画由此得名，他也因此成为学校首个办画展的在校生。

这年暑假，中央电视台展播"寻找最美乡村教师"节目。林经荣看过后深受启发，有感于"照亮他人，燃烧自己"的蜡烛品格以及淳朴的师生情感，自大三上半学期，花了整整一年时间，以"我的老师我的父母，我的学生我的孩子"为主题，从以往国画泼墨式的写意画转向原生态的写实画，创作出20多幅乡村教师题材的蜡烛画。

大四下半学期学校里没课，林经荣开始了一段到处"游荡"的日子，在老师和同学的帮助下，推着自己组装的手推车，带上移动电源和画作，走上南昌街头，四处摆摊现场作画。这时，林经荣接到厦门一家名为"林后艺术公社"的绘画团体的盛情邀请，成了暂住会员，并在林后艺术公社成功举办了"回光返照——林经荣个人透光蜡画作品展"，展期为一个月。其独特的艺术创作方式引起很多知名画家的注意，作品《舞》《茧》《里里外外》《天机》《暮》等纷纷被个人或画室收藏。

至此，林经荣在过去近10年的时间里，追求艺术的脚步从未停下。在厦门时，每天一大早，林经荣都是第一个到达林后艺术公社，思索着如何布景、勾勒，如何构图、表现，如何能达到最好的艺术效果，并期待在大学毕业前多举办几次个人画展。

创作过程孤独而艰苦，最大的支持是朋友和老师的赏识。林经荣大学毕业后，赶在教师节前夕回到了乡下的高中母校，举办了以乡村教师题材为主的个人作品展，终于得到家人的理解和支持。

灵感点亮人生，蜡画放飞梦想。10年"玩"出蜡烛画的林经荣，现在被厦门"BEE当代艺术沙龙"画室聘请为助理画师，终于可以边工作边创作自己的蜡烛画了。

心灵悟语

热情是梦想最好的老师，只有真正把热情付诸行动，为心中的激情而努力，我们才能被梦想眷顾，才能获得真正的快乐。

第三章

用心做好每一件事

用心做好每件事，这是成功者应该具有的基本素质。而那些无论做什么事，都只是做到"差不多"就止步，甚至半途而废的人，必将为自己敷衍的行为付出代价。

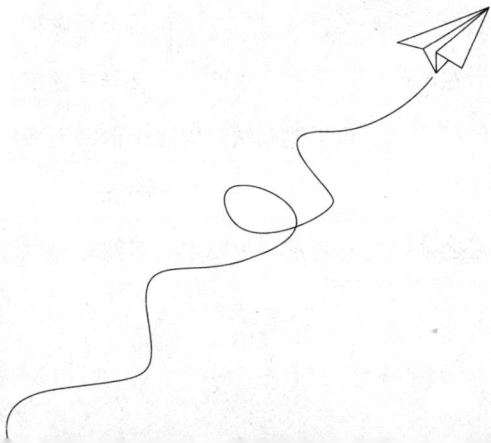

把事情做精

1928年1月17日，他出生在英国伦敦东郊的一个犹太人家庭。母亲
生下弟弟后不久，他们遭到父亲无情遗弃。一个苦难之家从此雪上加
霜，分崩离析。

5岁时，无力抚养他和弟弟的母亲，把他们送去孤儿院。10年后，母
亲改嫁，才把兄弟俩接回到自己身边。继父把他和弟弟视为己出，关怀
备至。后来母亲把他送到一个叫阿尔道夫·科恩的理发师那里当学徒，
期望他学会一门手艺，将来能够自力更生，养活自己。

他和其他学徒一样，从最基本的粗活累活做起，很快得到师傅的
赏识，因为在师傅眼里，他不怕吃苦，又异常勤奋。所以，师傅把调
制染发剂的粗活都交给了他来做，因此，他每天都和漂白粉等化学品
打交道。

在学习之余，他还经常利用晚上的时间跑到附近的美发学校去听

课，更深入学习和了解美发知识，并从中发现美发行业原来是个很有意思的行业，更让他懂得了如何利用别人做过的发型和技巧，激发、创作属于自己的新灵感和新作品。

7年后，经受了第二次世界大战的洗礼，22岁的他终于走出痛苦和磨难，全身心地投入到自己的美发工作之中，安下心来学习发廊手艺。2年后，他得到深爱他的继父的资助，用1400英镑作为本钱，在伦敦的一条小街上，开设了第一家自己的小型发廊。此后数年，他不仅养活了自己，还把发廊生意越做越大。他通过观摩、学习和探索，不断从别人的发型中找到灵感，突破性地创作出自己的新发型作品，独创了"造型剪"技巧而名噪一时，也成功地掀起新的发型潮流和美发时尚。

35岁时，他用灵巧的双手、精湛的造诣，营造出被称为世界美发史上革命性的发型——"BOB"发型，并作为里程碑式的潮流领袖轰动欧美。39岁时，他的发艺事业也达到了巅峰。40岁时，忙碌之余，他开始思考自己的奋斗史，写出了第一本著作《很抱歉，夫人，我让您久等了》。47岁时，他的第二本新书《健康美丽的一年》问世，成为当年的三大畅销书之一。

52岁时，他宣布退休，定居美国，并做出重大决定，卖掉并放弃自己的发廊事业，将自己的名字命名的商标卖给了美国宝洁公司，开始寻求新的事业机会和发展目标。不久，由他创建的国际美发学院成立，用以培训来自世界各地的初学者和发型师。他还成立了自己的"基金会"，为社会底层的人们提供救助和教育机会。30多年过去了，他的新事业再次成为跨国企业，以他的名字命名的美发品牌系列产品更是畅销全世界。

他就是国际发型界的时尚巨匠维达·沙宣。2012年5月9日，他在美国加州洛杉矶的寓所内，因白血病去世，最终走完了84年的人生之路。

心灵悟语

做每一件事都应该全身心投入，把其他杂事全部抛诸脑后。把简单的事情做得精致，把平凡的事情做得到位，就是最大的成功。

为高尔夫球安眼睛

杰瑞米·佩森偌出生于美国佛罗里达州，父亲在一家高尔夫俱乐部当工程师。12岁那年，少年佩森偌第一次跟随父亲来到俱乐部打球，便被小小的高尔夫球迷住了，并深深爱上了这项刺激而不失浪漫的球类运动。

18岁的佩森偌已是美国圣地亚哥大学的一名大学生，有一天一早醒来，突然发现双眼视力越来越模糊。最初，他以为是视力下降所导致的，到验光师那里配了一副眼镜。不久后医生告诉他，这是一种非常罕见的遗传性视神经病变，医学界至今对它束手无策。佩森偌无法接受双目失明的事实，这突如其来的打击使他在短时间内一蹶不振，陷入深深的绝望。这时，父亲走过来，深情安慰他说："孩子，请相信，这世界上永远没有最糟糕的事情，除非你自暴自弃。"

6个月后，佩森偌决定重拾以前最爱的高尔夫球运动，父亲为其感到高兴。之后，父亲充当他的视觉教练，两人开始协力完成一次击球动作，第一杆球终于挥出去了，虽算不上标准或成功，但毕竟是佩森偌重新振作起来后选择坚强的第一步。在球场上，父亲就是佩森偌的眼睛，不停为他描述球洞距离、沙坑形状以及球道上河流、湖泊、池塘或者小溪的位置。每次击球前，父亲为他调整双脚距离，让击球面和身体尽量向目标保持平行。为找到准确方向，佩森偌还将下巴放到父亲的肩膀上瞄准。

2年后，20岁的杰瑞米·佩森偌报名参加在英国举行的国际盲人高尔夫球锦标赛，并一路打进决赛，以89杆的好成绩，超过标准杆19杆而捧得了冠军奖杯，成为最新一任"黑暗中的头号球手"。这一年的感恩节到来时，佩森偌特意跟随父亲，来到他自失明后挥出第一杆的高尔夫球场，重新捧起冠军奖杯，并送到父亲的手上，以拍照留念。佩森偌说："原来是父亲，为高尔夫球'安装'上了眼睛，因为他首先替我做完了所有工作，而我只是充当那个挥杆的人。"

🌿 心灵悟语 🌿

与其埋怨世界不公，不如改变自己。管好自己的心，做好自己的事，比什么都重要。人生无完美，曲折亦风景。

把"缺憾"转化为商机

"狗仔队"一词，对很多人来说并不陌生，他们有敏锐的职业嗅觉，追寻明星大腕足迹，惯以"偷拍"猎取媒体所需要的图片或视频，迎合大众的猎奇心理。但有没有人想到过，如果把"间谍"般的镜头对准普通人或美好或浪漫的生活瞬间，其市场商机如何呢？答案当然是肯定的。

家住美国纽约的詹姆斯就开了一间名为"偷拍反应"的狗仔摄影公司，自开办之日起，生意出人意料地火爆。而这个念头的产生，则是源于他自己的一次求婚经历。2年前，詹姆斯向女友求婚成功，当年10月举行婚礼，但一直让他深感缺憾的是没能留下任何可以见证的东西。詹姆斯说："婚礼、洗礼和其他重要时刻大家都会拍照下来，为什么要漏掉浪漫的求婚瞬间呢？"由于詹姆斯本身就是一名资深摄影师，也在做为报纸杂志服务的工作，偷拍技术十分娴熟，且富有经验。为弥补深植心中已久的缺憾，詹姆斯和妻子凯特结婚后，想到这是一个替大家留住求婚时感动瞬间的绝佳机会，就开设了一家自己的公司，专门把镜头对准普通人，为求婚的情侣提供"求婚大偷拍"服务。

公司开业后，很多纽约年轻人排着队约他去偷拍。詹姆斯发现，与那些明星大腕们在遭到狗仔队偷拍后所表现出的愤怒截然相反，普通人都巴不得有人来"偷拍"他们浪漫求婚时的种种细节。

每一次偷拍开始，当男友跪下，问："你愿意嫁给我吗？"女友若回答："我愿意。"这时，躲在事先约定好的暗处的詹姆斯就迅速按下快门，精准拍下女友的面部及形体反应。听到"愿意"后，詹姆斯就算大功告成，自己赚到了钱，男友抱得美人归，自然是皆大欢喜。

为扩大经营，吸引大众，詹姆斯依据客户需求，还相继推出了各种服务项目，分门别类地收费。偷拍一个半小时，需450美元，若是包括视频、照片以及女友反应瞬间的全程记录，则收到多达750美元的劳务费。

即便如此，詹姆斯的生意仍旧火爆，客户接踵而至，应接不暇。为使生意更趋人性化，考虑到不是所有爱情故事都有一个完美结局，如遇到求婚失败，公司除返还75%的费用之外，另送一瓶啤酒，意在缓解一下求婚方的挫败感，言外之意："小伙子，没关系，继续努力吧！"

心灵悟语

生活并不完美，人人难免有缺憾，倘若从自身的诉求出发，站在别人立场上想事情，那么你会发现，你的诉求也是别人的，有诉求才有市场。

一把椅子做了 3 年

　　5年前，余浩大学毕业，开始在中国建筑设计研究院上班。回想起过去的时光，每天朝九晚五地对着电脑，高大上地画着上百米高的建筑图纸，甚或数十平方千米的城市规划图，他经常感觉理想中的建造与现实生活越来越遥远，甚至陷入迷茫之中。

　　比起成为建筑设计大师，建设国家级的建筑项目，余浩一直渴望接触更真实有趣的造物过程。他说："我小时候在南方长大，至今记得木工师傅来家里打造家具的情景，由衷地喜欢传统家具的古朴感，也爱上了手工造物的踏实感，这是件非常神奇的事情。"半年后，余浩毅然选择辞职，由建筑设计师变身为木匠，搬家至远离北京市区的地方，租一处小院住了下来。整理小院，粉刷墙壁，购置专业设备，房屋里空空荡荡，缺床他就自己做床，缺衣柜就做衣柜，缺书架就做书架，做小院的檐廊、室外椅子和晾衣架，直到将院落和房间做满各式家具为止。余浩做完这一切，小时候的记忆随之被唤醒，加上多年来的专业训练，便产生出自己设计和制作木制家具的想法。

余浩手中曾经被其称为"1号椅子"的作品，灵感来自明代圈椅，余浩从样稿到材质，从扶手到背杆等，一改再改，一把椅子竟做了3年之久。而今，3年过去，余浩远离城市，归隐园居，其木作家具工坊"田间作"初具规模。随着品牌知名度日益提高，他的"1号椅子"也已进入量产阶段，预示着这把做了3年的手工实木椅子，将进入更多家庭和居所。

心灵悟语

任何事情，都是一个道理：熬得住，出众；熬不住，出局——这就是人生。只有创造，才是真正的享受；只有拼搏，才是充实的生活……

靠亏损名扬世界的"最佳餐厅"

在西班牙，远离巴塞罗那市的卡拉蒙特霍伊镇，有一家名为"斗牛犬"的餐厅，绝对称得上是全球最牛的餐厅。由于餐厅一向主张业务不营利，自1987年至21世纪初，连续20多年来一直处于亏损状态，但这并不能阻挡它在全球范围内具有极大的影响力。

"斗牛犬"餐厅曾经5次荣获"全球最佳餐厅"称号，并成为每一位餐饮经营者梦寐以求的"米其林三星"餐厅而闻名遐迩。据说，慕名申请进餐的人数以百万计，但不是人人都能梦想成真。因为按餐厅规模计算，人从一出生就开始申请排队，大约需要等待50年才能够轮到一次。

"斗牛犬"餐厅非常特别，"亏损"就在情理之中。因为在一处背靠青山、面朝地中海的白色别墅内，只摆设有15张餐桌，每张餐桌前布置2至8张宽大座椅，且从2001年起，每天只供应晚餐，每晚只服务50名客人。这还不算，它每年只营业160天，每位食客最高消费也不过230欧元，而餐厅雇用的主厨却有42人之多，每道菜品的工艺都极其精致和烦琐，每晚会为客人提供28至35道菜……

这么抢手的餐厅，需求又如此紧俏，餐厅合伙人费兰·阿德利亚和他的弟弟阿尔伯特完全可以将餐费定得更高，但他们坚持不改"不营利"初衷，始终让价格停滞在每一位普通人都能接受的水平，"亏损"局面就成了板上钉钉的事，也不再难以理解。

"斗牛犬"餐厅最早是由德国人汉斯·谢林和他的妻子玛科塔初建，于1964年由酒吧改为餐厅经营。1975年，"斗牛犬"餐厅被欧洲历史悠久的餐饮行业评审机构"米其林"评定为"米其林一星"餐厅，声名鹊起，慕名前来进餐的游客络绎不绝，餐厅因此扬名世界。

有"全球第一名厨"之称的费兰·阿德利亚的传奇故事就是从加盟"斗牛犬"餐厅后开始的。他从一个不起眼的洗碗工做起，自学厨艺，于1983年21岁时加盟"斗牛犬"，勤奋好学，苦心钻研，厨艺突飞猛进，4年后成为餐厅主厨，以其丰富的想象力，对菜品进行大胆改革和创新，成为菜品革新的领军人物。在过去20多年间，他和弟弟阿尔伯特一起，带领大约2000名主厨、厨师还有侍者等，让"斗牛犬"餐厅5次荣获"全球最佳餐厅"称号。

为专门研究新菜品，2000年费兰还在巴塞罗那市中心建立起自己的工作室，除了装备锅碗瓢盆外，还有许多高科技装置，并发明出液体状的意大利面和泡沫状的马铃薯，"斗牛犬"由此成为"米其林三星"餐厅，2006年后被英国《餐厅》杂志连续4年评为全球第一餐厅。费兰本人则被冠以"全球第一名厨"的美誉，其背后的传奇故事被公众所熟知。

让更多人关切和疑惑的是，"斗牛犬"餐厅连年高额亏损，它又是如何生存下来的呢？在费兰看来，虽然主张"不营利"，但这并不是难题所在，因为他永远秉承"创意第一"的理念。2011年7月30日，"斗牛犬"餐厅突然召开新闻发布会，宣布即日起"关门大吉"，但不管怎样，"'斗牛犬'没有死亡，我们只是驯服它。"它在2014年以美食烹饪学院和非营利的美食智囊基金会的全新形式再度出现在公众面前。有创意誉满全球，无创新举步维艰。这就是"斗牛犬"餐厅在亏损中负重前行的理想和信念，也是它在亏损中长盛不衰的奥秘和独到之处。

心灵悟语

创新的目标是创造有价值的订单，创新的本质是创造性地破坏，破坏所有阻碍创造有价值订单的枷锁；创新的途径是创造性地模仿和借鉴。

把空气变成"大油田"

10年前，赵新还是一位"80后"大学毕业生，在南京读大学期间，每天都经过一家加油站，闻到一股刺鼻的汽油味。有一天，他突发奇想，有没有什么办法，可以把挥发在空气中的有机气体"抓"住，进行技术处理，再生成汽油？为此，他绞尽脑汁。

功夫不负有心人。2002年，赵新大学毕业，考上了研究生，在读研的4年里，他刻苦探索和研制，自主研发出"有机气体分离膜"的核心技术，成功使油气从气态转为液态，最终实现回收再利用。

赵新决定不走寻常路。2006年的夏天，他应聘进了一家合资企业，成了一名技术员。在工作中，他一边继续完善自己的研发技术，积累经验；一边偷师学艺，向先进企业学习管理经验。2007年10月的一天晚上，赵新在新闻中看到一则消息，国家对加油站、储油库以及汽油运输连续出台了三项大气污染物排放标准，商业嗅觉比较敏锐的他，当即预感到大展拳脚的机会来了，很快辞去稳定的工作，自主创业。

万事开头难。在创业之初，由于公司规模不大，又没有什么知名度，很多储油库和加油站对他的产品根本不了解，总是以怀疑的态度把他拒之门外。坚持就是胜利，2007年至2008年之间的那段日子里，赵新马不停蹄地跑了20多家储油库，最终拿到了5家民营企业的改造工程项目的订单，免费提供产品和安装设备，回收来的汽油，则以折价再卖给这5家储油库企业。

之后，在长达一年半的时间里，受全球经济危机的影响，赵新的公司竟然一份订单也没有接到，没有产品订单，就意味着企业"死亡"破产。2009年，公司的资金链几乎到了断裂的地步，为保住厂房和留住员工，赵新不得不刷信用卡中的预支资金来支付租金和工资，以确保公司不被解散。

2010年，上海世博会和广州亚运会相继召开，赵新等来了新的创业机遇，成功地将"有机气体分离膜"等整套系统的产品设备推销给了上海的6家储油库。2010年下半年，赵新连续调整经营策略，将产品成功地打入了中石油等大型企业，事业开始蒸蒸日上。据环境专家介绍，1吨汽油在转运或加油过程中，大约会产生9千克的油气，如果按一座储油库每年转运15万吨计算，就会有1350吨的油气挥发进入空气中，而一个常规的加油站经过"分离膜"设备系统改造后，每个月大约能够回收3吨的汽油。

2011年初，赵新所在的南京市共有8座储油库、183辆油罐车和310家加油站，全面启动油气回收污染治理。赵新和他的公司一举承接了其中的4座储油库改造工程的订单。据推算，一年可回收汽油总计约2500吨以上，从长远目标看，每年产生的经济价值在3500～4000万元之间。

至2011年年底时，以赵新为CEO的天膜科技公司不断创造经济利益，完全实现了扭亏为盈，还为国家纳税900多万元。赵新本人被评为2011年度南京市的科技型创业家，同时他也成了南京市最年轻的科技型企业家。

进入2012年，赵新和他的公司早早展开了拳脚，只要有油气排放的地方，就能够把空气中的油气"抓"回来，转变成可以出售和使用的汽油，而且还能卖出和汽油同等的价格。赵新因此被誉为科技型企业家当中的"科技达人"。

从空气中"抓"汽油、毕业5年成就千万财富的赵新告诉我们：生活中处处是机遇，只有让创业的每一步都饱含激情、坚守和智慧，储备丰富的知识、经验和积累技术，才有可能达到预期中的目标，得到看似不可实现的成功。

心灵悟语

奋斗与不奋斗，造就的结果截然不同。生无所息，保持奋斗的姿态，让世界变得灿烂，让你的人生绚烂多姿。

"爱好"不会失业

1914年11月11日，希德出生在英国伦敦一个小市民家庭。由于生活艰难，他在不满15岁时就开始挣钱养家了，而且这一干就是整整82年。2011年11月8日，这位为打工痴狂一生的老人终于在他97岁生日的前三天宣布退休，真正"活到老，也打工到老"，他人生中大部分时间在打工中度过。

1939年，25岁的希德被英国陆军征召入伍，从事机械维修，奔赴北非及意大利前线战场，在枪林弹雨中冒着生命危险"打工"6年，直到1945年第二次世界大战结束。退伍还乡后，希德继续打工，在一家机械公司里做营销员工作。

这一年，希德的外甥长大成人了，在自家门前开了一间副食品商店，由于缺少人手，特邀他前去帮忙。1990年，外甥移民至西班牙寻求发展，商店只好关门大吉。这时，希德已经76岁，原本早已过了退休年龄，应当颐养天年享受天伦之乐时，他发现自己没有了工作，就像生了一场大病一样。巨大的落差让希德浑身难受，他再次踏上打工之路。这时，他早年当兵时的一位战友帮了他的忙，让他在一家建材超市当一名园艺师，做一些为花木草坪修剪、浇水和施肥的活儿。

随着年事更高，希德连修剪花木的活儿也干不动了。超市经理为他寻得了一个较为轻松的岗位，让他在超市门前做一名迎客员。希德幽默风趣，恪尽职守，在此岗位上很快找到了新的乐趣和归属感，引来很多回头客，这些人大都是冲着他的敬业精神和服务而来。经理的这一举措，使得超市的生意更加红火。

2011年11月11日，正是希德97岁的生日。退休后，有人问他："你打工一辈子，可谓是工作了一辈子，对此，你有何不一样的见解？"希德耳聪目明，精神矍铄，他挺了挺上身，爽朗地说："现在看来，我的一生还算平淡无奇，打工是我的一个'爱好'而已，不过，是最大的爱好。"因此，希德被称为英国工作时间最长、年纪最大的"打工仔"。

❀❀ 心灵悟语 ❀❀

人，不怕身累，就怕心累。给自己一个目标，无论大小，让心能展翅飞翔。

小小橡皮筋演绎财富传奇

　　十几年前，他来到美国求学，硕士毕业后，留在一家汽车公司担任工程师。2010年的一天，他下班回到家中，看到两个女儿特蕾莎和米歇尔正在玩耍。为讨女儿欢心，他腾出手来也加入她们的游戏之中。原来，两个女儿正在用橡皮筋编彩色的手链。当和女儿们共同编织时，他才发现自己的手指过于粗大，编织起来有些难度。

　　如何让编织过程更容易一些？他的脑海里首先产生一个灵感，这得制作一个编织橡皮筋的编织板才成。于是，他找来一块木板，并在木板上简单地钉了几个图钉。这样，橡皮筋就能够灵巧地在编织板上绕来绕去了。然而带图钉的木板同样显得笨重，起初并没有赢得女儿们的认可。

　　他对此却没有放弃，继续往木板上加入更多的图钉，1排、2排、3排，一共钉了4排的图钉，再把一根根橡皮筋缠绕其中，竟然编织出了精美的手链饰品。两个女儿终于被这个编织板深深地吸引住了，并给编织板取了个美丽的名字叫"彩虹织机"。

这原本是他为两个女儿做手工之用，后来萌发创意发明和制造编织板的念头，在全家人一致建议和支持下，他准备制售这种看似简单却极为新奇的玩具。当时，他家里的全部存款只有1万美元，在美国的厂家不可能会接收这么小的预算和生产业务量。他将目光转向了中国的厂家，分别投入5000美元，用于制作编织板和购买橡皮筋等其他套件。

2011年的夏天，第一批彩虹织机编织板和橡皮筋先后被快递到家中后，他和妻子陈亭芬就马不停蹄地忙活起来，利用下班时间，在家里组装彩虹织机。

所谓彩虹织机是一款DIY玩具套装，实际上是一组被称作"编织板"的编织工具，由2个塑料模板、1枚钩针、24个塑料别针和600条颜色各异的迷你橡皮筋组成。就是这么一款极简单的玩具，却带来了极大的商机。

随后，他把这套产品套装搬到网上销售，由于民众不了解这种编织工具是做什么用的，也不知道如何使用这种新奇的编织玩具，销售并不顺利。接着，他们又把产品拿到了大型玩具店销售，同样因业绩欠佳而不了了之。

无奈之下，他和他的女儿想到了视频营销。他们在家里通力合作，把编织手链的过程拍摄成微视频，传上了美国最大的视频分享网站，以此告诉顾客如何使用这套新生的DIY玩具和编织工具。为提高产品的知名度，他们还在网上购买了广告，进行广泛传播。

可别小看了这套玩具，彩虹织机还具备超强的自我DIY的开发空间，不仅能启发孩子们的创造思维和动手能力，通过搭配各种颜色的橡皮筋，就能编织出各种各样的手链、腕带、项链、挂饰、戒指、卡通玩偶、节日吉祥物、动物、水果、笔套、蝴蝶结和帽子等，甚至还可以编织出一件西服，穿在自己身上。

重要的是，彩虹织机玩具还能把孩子们的注意力从容易让人上瘾的网络世界里拉出来，从电子产品中解放出来，转移到需要集中精力和发挥创造力的DIY活动上，甚至很多成年人也加入到了编织橡皮筋手链的行列。媒体评论这种游戏简直有一种神奇的力量，充满着无限魅力。

2013年暑假期间，在很多夏令营都禁止使用电子产品的情势下，因为这套彩虹织机编织玩具套装操作起来相当简单易行，每套售价15到17美元，受到各夏令营活动举办方的青睐。暑假结束时，这款彩虹织机套装玩具被列为全美最受欢迎的玩具之一，成为中小学生市场上最热门的"非iPad"产品。

到了年底，身为彩虹织机发明人的他，不得不辞去汽车公司工程师的工作，转而在位于密歇根州的自家起居室里成立公司，在自家附近租用了一处近700平方米的大仓库，雇用了12个专职员工，紧张地投入到产品的分销工作中。

自彩虹织机诞生以来，他已将这套编织玩具推销给了600多家零售商，销售量达到了200多万件，销售总额超过了3000万美元。

几百条彩色的橡皮筋，加上一套DIY编织玩具，就能创造出数千万美元的大生意？没错！他的名字叫吴昌俊，一位来自马来西亚的华裔美国人，一跃成了近年来美国创业者的典范，知名度堪比IT界的明星和投资界的大佬。

他的真实故事告诉我们：最棒的市场需求，往往就在我们身边。即使面对的是一根小小的橡皮筋，也能让它演绎出财富价值。不管你为什么缘由而努力，你都可以有所收获，让财富与奇迹一起眷顾你。

心灵悟语

我们的命运由我们的行动决定，而绝非完全由我们的出身决定。结果永远都不会平等，但机会却可能平等。

"魔法娃娃"的缔造者

玛莲娜·别赫科娃1982年出生在俄罗斯西伯利亚地区，14岁时才随父母移民至加拿大。小时候，她和很多女孩一样喜欢收藏芭比娃娃，喜欢像芭比娃娃那样穿一身漂亮的蓬蓬裙。到入学年龄时，她已收藏很多芭比娃娃，之后便不再对这些娃娃感兴趣了。

5年后，玛莲娜在加拿大温哥华高中毕业，考上了一所艺术与设计学院，学习美术专业。她在高中时代，就已开始制作娃娃了，只是涉足不深。直到大学毕业，她一直坚持把制作娃娃当成业余爱好。

"魔法娃娃"这个名称，灵感来源于她高中时阅读过的美国作家保罗·加利科的短篇小说。大学毕业后，玛莲娜把制作娃娃作为自己的终生职业，并立志以古老神话传说及童话故事为创作源泉，制作出像各种小说故事中的人物一样摄人心魄的娃娃形象。

玛莲娜所创造出的娃娃如同真人一般，栩栩如生，风格各异，不仅有民族风、中国风、古典风和现代流行时尚，她还赋予娃娃们精致的服装，其华丽设计和精细工艺令人叹为观止。

以一款名为"乔装的达芙妮"的魔法娃娃为例，曾一举卖出了60100美元（约合人民币41.3万元）。这款天价美娃是如何"诞生"的？它被使了什么魔法，又有何特别之处？引起买家们不惜重金竞标、购买和收藏。

与芭比娃娃等其他传统娃娃不同的是，魔法娃娃除了采用球形体连接和采用碳素钢所做的弹簧来组装，能让魔法娃娃的关节灵活地转动，可摆出酷似真人的丰富造型，其基本材质采用的是中国的传统烧瓷技术，陶瓷细腻，非常接近人的皮肤，比其他娃娃的塑料材质或高级树脂材质更胜一筹。

玛莲娜一直秉承"精致美丽"和"永恒久远"两大艺术品标准和理念。一方面，瓷的光滑、白净和脆弱，令瓷美人更接近于现实生活中的女性肌肤；另一方面，瓷的持久性也可以从1912年就沉于海底的"泰坦尼克"号邮轮，只剩下了庞大的金属身躯和残骸，但邮轮上遗留下的瓷器则光亮如新这一事例中看出。

然而，要想创造和制作如此美丽精致的魔法娃娃，绝非易事，从打磨模具、组装部件到设计服饰、化妆文身等，制作工序相当繁复耗时，既需要跨学科的艺术创作技能，又需要强大的毅力和体力。

玛莲娜不满足于美术专业领域里的绘画或雕塑等单项工作。在大学时，她还专门选修了珠宝设计等实用性强的课程，最终走上了制作魔法娃娃之路。经过多年来刻苦的学习、积累和发展，她已能非常娴熟地将雕塑、工业设计、绘画、雕刻、模型制作、金工工艺、时装和珠宝设计等跨领域的专业技巧，运用到制作魔法娃娃当中。

可贵的是，在这个工业化批量生产盛行的时代，玛莲娜却反其道而行之，走出了一条和芭比娃娃大批量制作完全相反的道路，用一种"慢工出细活，跨界出极品"的姿态驰骋于商圈，引领出极致奢华的时尚之风。

在制作工序中，模型模具的制作最为耗时。玛莲娜选用烧制陶瓷这一基础材质，还需保持其如人体肌肤一样的自然光泽，每次制作，都要从打磨每一个细小部件开始，精耕细作，一干就是5个多小时，工作强度极大。

在完成定型之前，陶瓷文身图案是魔法娃娃的"魔法"之一，是玛莲娜使用文身针刺绘而成的。定型之后，给图案上色，将瓷体放进瓷窑里煅烧。经历多次涂加陶彩和窑火淬炼，图案与娃娃躯体相融合，形成一层美丽而耐久的玻璃状"文身"。接下来，仅烧制陶瓷的过程就需要持续3至5天，每涂一层陶彩就烧制一次，如此反复地数次烧制，才能确定是否成功。为此，玛莲娜烧坏的样品不知道有多少，最后烧制成功的每一件成品都是不可复制的孤品。

令人惊叹的是，顶级时尚的华服又是魔法娃娃的点睛之笔。头饰、衣物和鞋子等，均取材于24K金、纯银、奥地利水晶、红宝石、翡翠、珍珠和精良的纺织品，经玛莲娜亲自加工设计和手工缝制，每一套完整服装都是尽显奢华气质的艺术品，甚至缝制一套服装都至少需要一个星期。曾经卖出6万多美元的"乔装的达芙妮"魔法娃娃，身高仅为37厘米，从开始制作到最后完成，耗费了至少1000个小时的纯手工制作时间。

这一作品的灵感源于一则希腊神话。传说中达芙妮逃到威尼斯，众居民为帮助她躲避阿波罗的追逐，纷纷戴上面具跳舞狂欢，企图帮她瞒天过海，却没能让她逃脱化身月桂树的命运。玛莲娜以此为题材，用创制魔法娃娃的形式重现了达芙妮在狂欢之夜的最后模样。

心灵悟语

无论你从事何种职业，不能一味地模仿他人、追随他人。不要只做人家已做的事情，要试着去做那些新奇独特的事情。只有勇于创新，发现别人想不到的，人生自会给你带来精彩。

第四章

奋斗时有多艰辛，人生就有多珍贵

不奋斗，什么困难也克服不了；不奋斗，什么成果也得不到；不奋斗，人的价值也归于无……很多时候，成功与失败，只有一步的距离。能战胜疲惫与软弱，向前一步，也许等待你的就是最后的成功。

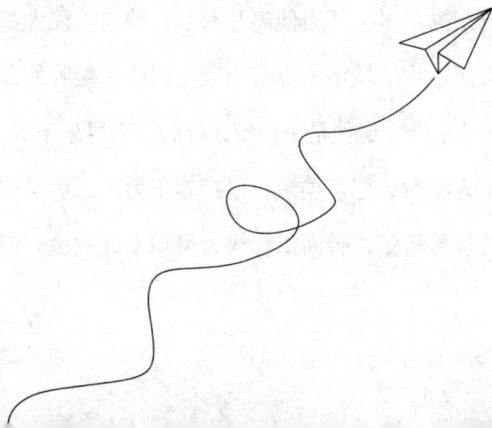

去过属于自己的人生

他出身平凡，贫困低微。刚入学时，努力学习数学，梦想成为数学家，可他基本心算的速度却是班级里最慢的。时世艰难，几年后学校被迫关闭，他只好回到家中。

不久，父亲病逝。迫于生计，他被母亲送进工厂做童工，他自幼喜欢唱歌和表演，11岁时又幻想成为一名歌唱家或演员，但被沉重的工作压力累得喘不过气来，头晕眼花。

14岁，他小学都没有毕业，哭着闹着向母亲哀求，发誓去当演员成为明星。母亲拗不过，任由他离开家乡，独自前往大都市寻找梦想。然而，在偌大而陌生的城市，没有一家剧团愿意接收他，反却无端受到不少尖刻鄙薄的嘲讽，说他是个白痴，存心出来寻乐子的。

他走投无路时，忍饥挨饿，以打零工为生。后又改变兴趣和方向，去舞蹈学校学习舞蹈，转而幻想成为舞蹈家或歌星。但他在面对公众时总是感觉放不开，羞怯得难以自持，尽管勤奋超人，学习好声乐还有什么用呢？他郁闷至极，最终大病一场，这一切彻底破灭了他的狂热、希望和向往。同时，他猛然感到清醒许多，原来自己缺少的正是表演天分，当不了明星。

早年，他受父亲影响，酷爱文学，加上不曾间断地阅读古典名著，他了解作家的写作方法和作品魅力。这一次，他又改变志趣，认为自己只要百折不回，勇于创作，一定能够登上文学高峰。

17岁，他以天才般的灵感和才华写出了一部剧本，意外地受到名家指点和赞赏，并因此重获入学"深造"的机会，却是和低年级的孩子坐在一起上课，孩子们对他这个高高瘦瘦又满嘴乡土口音的大哥哥并不待见，时常嘲笑他是又丑又笨的乡巴佬。

23岁，他终于从初中学校毕业了。不过他从未放弃过对文学艺术的热爱和追求，在校期间还曾向报纸杂志投稿，发表了两首诗歌。一年后，他写的第二部剧本获得公演，竟赢得了公众认可和喝彩。就此，一个才华横溢的剧作家横空出世，他为此流下了滚滚热泪。

二十多年过去，他就是这样从最底层，亦步亦趋地成长、尝试和改变自己。直到26岁，他高中都没有读过，突然转身再次踏上新的征程。一个人，跑去大海上，当了一名海员。然而，他是作家、诗人、剧作家，多才多艺，甚至还剪得一手好剪纸，自从面朝大海，踏上轮船航行后，他又成了一名游记作者。用不多的时间，他游历了很多国家，写出了三部游记著作。30岁时，他的自传体长篇小说出版，又一次广受好评和欢迎。

几年后，他在寄给岸上的女友的信中说："我要为下一代创作了。"原来，他在海上航行时，感觉到时间会变得很漫长，一到晚上他就用一切感情和思想写故事，待到几个月之后，回到自己的国土上，突然发现所有的孩子都喜欢阅读他写的故事了。看到孩子们在聆听过他讲述的故事之后，愉悦的笑脸汇成了海洋一样，每当这时他就像一位老人般感到无比幸福、健康、纯洁和富有。

这时，他已经34岁。他因此自认为终于找到了属于自己的海，写作成了他终生创作的动力和源泉、目标和梦想。直到去世的前三年，他坚持不懈地写作了43年，共创作出童话故事168篇，把他的才华和生命都献给了"未来的一代"。

去世后，他被尊为"现代童话之父"，被世人称为"世界童话之王"和"丹麦童话大师"。于是，丹麦作家安徒生的名字响彻整个世界，100多年来，他的童话作品被译成150多种语言文字，印成数以亿万册童话书在全球出版发行，深得世界各国儿童的崇尚和喜爱，历久弥新，经久不衰，成了经典著作。

是的，一颗普通的沙粒，要想成为色彩瑰丽气质高雅的珍珠，首要条件不只是找到历练自己的贝壳，更要找到贝壳之外成全自己命运的大海。每一颗沙粒都有潜质成为珍珠，而安徒生的潜质是在经历过重重考验和磨难之后，直到34岁找到自己的海后，才在航行中被自己重新发现、发掘并发挥出来，达到极致。

因此，在人生和梦想的抉择面前，命运，有时候并不取决于你这个不行、那个也不行，也不取决于你什么都能做以及是否真行，而是取决于，你有没有找到在某一方面的特长或者潜质。尽管需要漫长的时间，经历坎坷，但只要有潜力并发挥极致，一定能做出杰出的事业和贡献。

❀❀❀ **心灵悟语** ❀❀

找到自己的海，沙粒才可能有机会进入贝壳体内，历经磨砺，并成长为一颗光亮耀眼的珍珠。

倾听荒漠的声音

2011年4月，南京市的高中生万欣考上了美国深泉学院，成为当时的头条新闻。

在美国，还有比哈佛更难考的学校？来自美国权威的《普林斯顿评论》的数据显示，有一所默默无名的学院在招考新生时更加苛刻，它正是少有人知的美国深泉学院。

这所大学十分神秘，几乎与世隔绝，自创办至今已近百年，一直特立独行。它坐落于美国加利福尼亚州东边沙漠深处，被称为世界优秀学生的"乌托邦"，目前全校师生加起来还不足40人，学制只有2年，每年的招收计划不超过15名学生，且是名副其实的男校，所有女生禁止入内，牛仔式的校园生活是它的最大特色。学院创办者是一个名叫卢西恩·卢修斯·纳恩的美国电力大亨，于1917年初建时，就定下了影响至今的六字校训：劳动、学术、自治。

第一是劳动，整座学院位于山谷中，如同世外桃源，自给自足，一切资源都要靠所有学生和老师的劳动获得。第二是学术，援引学院网站上的解释："在这里，过量的工作是一种特权，我们不会轻易地发放。"学术声誉也毫不逊色，几乎每年都有学生获得美国国家级学术奖。第三是自治，即学生对学校的高度自治，包括老师聘用与招生都由学生们负责，而每年都会讨论要不要招女生，结果到目前为止，都还没有最终确定下来。对于南京的万欣而言，这将是生命的奇妙之旅。

2011年1月，为参加现场面试，南京考生万欣由上海起程，12小时后飞抵美国，再向深山和大漠深处继续进发，从洛杉矶向北驱车5小时，转乘3小时大巴抵达大山脚下，最后坐上学院专车，翻越海拔2000多米的高山，到达茫茫沙漠深处的深泉学院。离这里距离最近的小城镇也有50多千米。一路耗费36个小时，兴奋的万欣几乎没有合过眼。

面试时，一张偌大的长方桌摆在一间更大的教室里，15名"面试官"围坐在桌子的三面，其中3名是老师，其余都是在校生——能否被学院录取，在校生更具有发言权。面试并不太难，答辩如同儿戏般轻松愉快，加之万欣英文不错，让"考官们"都很满意。

接下来，四天的体验生活开始。内容就是生活，种地、喂牛、做饭……除了盖房子，什么都得体验一番。这正是该所学院的特别之处，因为有可能在某个冬天的凌晨4点，校长会突然敲响学生宿舍的门，大声宣布："牧场被淹了，快去帮忙！"

学院极少招收国际生，一旦被录取，可拥有全额助学金，其代价是每个星期必须要干完20个小时的苦力劳动。未经允许，学生绝不得离开校园，严禁接触酒精，不提倡看电视，电话和互联网经常由于恶劣天气而中断，报纸则通过邮局寄过来，通常都要晚两天才能看到。

据说在2006年，只有一位来自苏州的中国男生体验过这世界上独一无二的教育。万欣接到被录取的消息，自然欣喜若狂，他将在一个上千公顷的大学校园里，与世隔绝地耕种和放牧两年。

学院创始人纳恩曾说："沙漠有着深邃的性格。他有一个声音，需要仔细倾听。先生们，为了什么，你们才来到这旷野？不是为了传统的学术训练，亦不是为了田园牧歌的生活；不是为了在商业中成功，或是在职业的道路上追求个人的利益。你们来，是为了准备好用你们的生命去服务，心中了然，过人的能力和高贵的信念是对你们的期望。"

就是这所学院，成了美国高等教育实验的成功典范。近80％毕业生离开它后，直接转学到哈佛、耶鲁、哥伦比亚和牛津大学等名校读大三，超过半数学生最终取得博士学位。在职业道路上，这里的学生很少选择为赚钱而赚钱，超过40％的学生成为律师、医生或是教授。

心灵悟语

从荒漠深处走出的学生们，牢记着校旨：真正的伟人，能在浮躁和喧嚣的物质世界，静心倾听"荒漠的声音"。

这家公司人人是"黑马"

没有真正的CEO，没有部门经理，也没有普通员工。在德国柏林，这是一家由30个年轻人联合创立的公司，名叫"黑马"。30个合伙人均不满30岁，共同担负着公司的经营事务和责任。

几年前，他们都还是大学生，在读选修课时走在了一起，共同创立了这家以咨询服务为主营业务的公司。伊万娜是黑马公司联合创始人之一。3年前，她在读大学期间，除了学习主要学科之外，还选修了一门叫"设计思维（Design Thinking）"的课程。在上课学习过程中，她结识了其他29个同样选修这门课程的同学。

为期一年的课程还没有结束，30个同学就结下了友谊。虽然他们是来自不同专业的学生，但在日常生活中，吃喝玩乐都非常合得来。有一次，他们在讨论大学毕业之后的事情，分别说一说将来希望做什么工作，或者去哪儿旅游等。这30个年轻人都非常希望大学毕业后，也能够永远在一起相处，在一起工作。就这样，30个年轻人想到了，就真的去做了。他们按照法律规定，从30个成员中挑出一个人作为CEO，注册成有实际资质的黑马公司。但黑马公司的CEO只是作为法人代表，为满足法律条件必须这么做，并不意味着他在公司内有最高的职位和更多的权力。黑马没有老板，人人独立而平等，为各自的工作负责。

黑马公司刚一成立，立刻引起业界人士的好奇心。不要和朋友开公司，似乎早已是创业界的金科玉律；一个公司的合伙人如果超过3个人，也是业界公认的致命硬伤。而这个公司团队竟然有多达30个合伙人，远远打破了戒律。试想公司在做某一项决议时，如何实现30个人达成一致意见？即便是少数服从多数，但毕竟存在有人弃权或反对的可能。

很快，黑马公司打破瓶颈，找到了突破口。黑马另一位合伙人发现了一个叫作"全民政治（Sociocracy）"的概念，并进行了讨论，最后一致认为这种每个人都平等做决策的全民政治系统，非常适用于公司管理。所谓全民政治的概念，就是在公司做方案决策时，让每个人都能够充分了解所有相关信息，再各自表达自己的看法和意见，以确保最终的决定不说"NO"，重要的不是每个人同意，而是没有人特别反对，并在"我不是特别喜欢这个主意，但我能接受"的情况下，做出最后决策。

然而，30个聪明的年轻人组成的精英团队，都有各自的专业背景，个个脑子里充满想法，或想用更高明的观点欲控制局面，怎么办？为此，他们还不断地创造一些"和谐道具"。比如有人意识到冲突激烈，会突然以轻松的方式唱一支歌，用好玩的方式搞笑一把，等气氛缓和后再继续讨论。因为，每个人都会意识到宽容和妥协、理解与接受的重要性。

黑马公司自创立以来，一直有5个分支团队。产品团队负责业务，还有财务团队、法律团队、市场营销团队负责公司运营。当然，某人加入财务团队，同时也可以加入产品团队，都能互相交叉。

在过去3年多的时间里，黑马公司30个合伙人中，竟无一人消极怠工，人人是"黑马"，个个是精英，每个项目组只需要2~5人，因为他们都是实干家。重要的是，30个合伙人有25个专业背景，无论对公司产品，还是对客户需求，都能从更多更广的角度发挥出理想的创意和最佳的服务。

几年来，30个人一直并肩作战，没有一个人离开，创造了属于他们自己的事业王国，成为很多大型公司中一匹真正的"黑马"。德国很多公司看重了他们的新鲜视角、运营模式、工作气氛、组织结构和企业文化，奥迪、大众、SAP、DHL、DB等很多著名的大型企业先后成了黑马的忠实客户。然而，黑马提供的服务并不便宜，每个项目都很成功，几乎每次项目结束后，客户方都会产生新的需求，并把他们并推荐给别的客户。

❀❀ 心灵悟语 ❀❀

黑马公司引入"全民政治"经营管理模式的概念和理念后，把个人智慧和集体决策、发扬个体和总体平衡、持续变化和结构稳定结合在一起，已成功地向时代证明了这一新的工作模式，被业界称为"黑马传奇"，并创造了"黑马文化"。

地表下的"美丽新世界"

作为影响力越来越大的户外运动，洞穴探险与攀岩、攀冰、速降及溪降一样，是从登山运动逐渐发展而来的。

杨志在北京中关村工作时，对洞穴探险一无所知。他来自安徽，大学里学的是计算机，毕业后顺理成章地进入IT业。10年前他只身来到重庆。初到重庆时，杨志很自然地关注起这座新直辖市。一天，杨志在网上漫无目的地浏览网站，突然有一个户外运动为主题的本地网站跃入眼帘，以为户外运动就是出去走一走、看一看，深入了解才知道户外运动项目何其多，一个比一个新鲜刺激。

杨志抱着试一试的心态，注册成为网站会员，与更多的人进行网上互动交流。那时，国内洞穴探险刚刚起步，虽然重庆的洞穴资源极为丰富，但最早进行洞穴探险的却是外国人。不久，他接到通知，邀请他参加户外运动的免费培训活动。

　　第一次培训课上，主讲是个美国人。培训教材的内容更是让杨志感到惊悚不安，第一次接触户外运动就是洞穴探险的项目。因为，众多洞穴潜藏于地下深处，常年被黑暗笼罩，深不可测，环境极其复杂。洞穴就像一部百科全书，包含地理、动物学、植物学、力学等诸多知识，洞穴探险是一门多学科的综合极限运动。

　　杨志对探洞非常着迷，每天研究国外的探洞网站，疯狂地研究探洞时用到的绳索技术，专心致志地玩探洞。经过3年的集训和实践，他花光了1万多元的储蓄，才逐步完善了探险器材和装备。杨志在志同道合的朋友支持下，创立了重庆最早的洞穴探险队，相同的志趣让他们成为队友，向一个个隐藏在地下的未知洞穴进发了，在黑暗的世界里，开始一场接一场的地下穿行之旅。

　　由于洞穴探险极其危险，很多人觉得他们是疯子。有一次，杨志和队员们受邀探秘一个深约300米的洞穴"候家大天坑"。他们从重庆出发，历时10多个钟头的颠簸后，才抵达海拔1411米的大天坑旁。大雪纷飞，队友们冻得直哆嗦。杨志不由分说地先行下洞、布绳。

　　然而就在本次探洞任务快要完成时，灾难却向他们一步步逼近。一名负责收绳的队友本以为可以圆满返回洞口，但在距离洞口100多米处，一块石头突然从岩壁上滑落下来，砸在他的身上。

　　洞口处，几名队员分秒必争，合力把绳索往上拉，展开协助营救。奋战了几个小时，受伤队友才终于到达洞口，所有参与营救的队员都已累瘫在雪地上。受伤队友被送往医院检查，断了四根肋骨。这一次营救被圈内人士认为是一个奇迹。

最让杨志感到自豪的一次探洞经历，依然是他与7名队员奇迹般地在洞穴中生存了8天7夜的"万丈坑"探险。要知道，普通人在黑暗的空间里，哪怕只待上一天便会精神崩溃。总结失败原因后，杨志率领7名队员再次向"万丈坑"发起挑战。他们将队伍分成了3组，分别负责探测、运输和后勤等任务。

杨志及其7名队员经过3天的奋战，才到达上一年第3次探测的深度。再下降，队员们将面临全新的挑战和未知的风险，下面的洞道更加险象环生，一不小心便会被窄缝卡住，稍不留神也有可能直接坠落。通过头灯可以看见，各种形态的石花石柱，形成了一片石柱森林，这种奇异的美景深深吸引住了队员们，使得每个人都如同坠入了一个世外桃源。

为了省电，队长杨志建议大家都关掉了头灯，整个队伍陷入无限的黑暗之中。然而，危险突然发生，一名女队员被头顶上的落石砸中左臂肩膀，整个人吊在绳上，在空中失去平衡，不停地摆荡。但她仍坚持下降，多花费1个小时，继续在竖洞间穿行。

然而这位受伤的女队员依然困难重重，由于她无法在光滑岩壁上找到支撑点，不小心掉入了下方水潭。幸运的是，水潭不深，所有队员顺势蹚过水潭，攀过约50米长的狭缝，再下降7米，终于抵达841米深度的地方，成功到达洞底。至此，他们已在洞中奋战了4天。

在他们做好记录完成任务后，又强拖身体回到530米处的2号营地，并驻扎下来休整。他们实在是太累了，完全置身于漆黑洞中，这一睡就是20多个小时。至入洞第6天时，很多队员的身体承受力已经达到极限。所有队员全部安全返回洞口后，探洞任务宣告成功。

回到重庆，队员们记录着此次疯狂的8天7夜中的发现，此前中国竖井深度排列前5位的洞穴，均由外国队员参与或作为主力探底成功，而此次完成的"万丈坑"探险，完全由中国人独立完成，所有图片、测量数据等所有权都属于中国人，一举打破了中国探险队的最深纪录，是一次创造历史的壮举。

10年间，杨志带领洞穴探险队一共探险了1000多个洞穴，在地下穿行里程超过300千米，创中国人探洞最深纪录，也因此获得过中国户外运动金犀牛奖。他说："最初，当得知探洞项目大都是外国人完成的时候，我就感到非常不服气。多年来在黑暗环境下进行极限运动，无面具、无喝彩、无国界，所有爱好者并参与探洞项目的先行勇者，有的只是对未知世界的强烈渴望。"

❀❀❀ 心灵悟语 ❀❀❀

富有挑战的生活，能够带给我们愉快的情绪与继续努力的力量，能够让我们发现生活的意义。

人人都可以"读"的自然大学

没有固定教室，没有教材，没有考试，你可以是学员也可以是老师，更可以在任何一座城市创办分校，所有公开课等活动都是免费的；山川、草木、乡土、鸟兽、垃圾、健康及园林等7所学院——这一切构成了自然大学的全部内容。

冯永峰是一位70后，出生于福建省北部的一个小山村，北京大学毕业后，在西藏日报社工作4年，1998年至今任《光明日报》科技部记者。同时，他又是一位优秀的诗人、作家，著有《拯救云南》《狼无图腾》等与环保有关的报告文学7部。

2006年8月的一天，身为记者和志愿者的冯永峰前往西部某城市采访考察，在黄河岸边行走时，看到一幕触动心灵的场面：岸边人家的厕所通向黄河，并把各类垃圾倒进河中，穿城而过的黄河成了垃圾堆放场和污水集中营。

　　冯永峰心中顿时生出一种不可遏制的冲动："或许我能做点事儿，让每个人直面污染。"随后几个月时间里，冯永峰又分别与自然之友、厦门绿拾字、北京地球村环境教育中心、甘肃绿驼铃、南京绿色之友等十多家环保民间组织等志愿者进行了网络讨论，创办一所"自然大学"的构想就此产生。

　　2007年3月，冯永峰以"自然大学"名义发起的第一个主题课程"城市乐水行"在北京正式开课，30余名参与者悉数到场。本次活动得到曾经参与讨论的全国多家环保民间组织单位的支持，公众环境研究中心也在网上专门开设BBS，同步进行项目发起，所有参与者徒步出行，自带干粮，对自己负责。

　　自然大学首先"试水"，就是选择北京城内的一条河，沿着河边走。在走水过程中，他们邀请环保专家，带领参与者考察河流的环境状况及沿岸景点和社区分布状况，每到一处河段就进行一次有关自然和文化的讲解，进入社区访谈，并提取水样检测和排污口定位等。

　　自然大学作为重点面向成年人的"社区环保大学"，坚持长期观察和记录自然界的种种变化，培养了参与者"发现自然之美"、向大自然学习、在大自然中学习的能力，更引导每个人成为"主动的环境保护者"，以及对环境问题的"觉察与改良"等自然保护难题的解题高手，把自然大学视为"环保发动机"和"智慧培养场"，先后得到中国科协和众多企事业单位或机构的资金支持，通过认识和观察自然，关注周边环境变化，珍惜、欣赏和热爱自然生命，还要参与到治理环境污染的具体活动和案例中。

万物生长离不开水，水流不息就会有自然大学的成长。于是，关于山川、草木、乡土、鸟兽、垃圾、健康及园林的7所学院陆续建立起来。7所学院又分别开设以各自学院名称为主题的公众环保课，独立或与其他机构合作运行草木课、乐水课、鸟兽课、垃圾课、健康课、食品课等课程。

各学院除了每周都有向公众开放的室内"公开课"和户外实践活动，还源源不断地发布"课堂笔记""调研报告""环境纪实"等资料成果，"学生"们没有家庭作业，但是可以随时温习这些功课。而课程内容则来自水、鸟、植物、土壤、星空、云彩等大自然无偿赋予的资源和知识。

打开自然大学官方网站可以看到，"公开课"也许在一家茶餐厅里举行，鸟兽学院正在举办有关某种国家一级保护动物的主题讲座。与此同时，在城市的另一边，垃圾学院的"学生"一行数十人正在一处废品回收再利用集中地，考察城市垃圾分类处理的状况问题；或在某一座大厦的一间房间里，乡土学院在与某"公益创投"机构合作，邀请专家在为"学生"讲解西部大开发之"藏香制作、唐卡绘制、掐丝画制作和藏族面具制作"的理想和困境，更为西部"失学少年"的新希望出谋划策。

杨恒是草木学院的负责人。她大学毕业后，加入了自然大学，从一位曾经的学习者变身为组织者。经过多年摸索和努力，她在每次讲座或活动之前，都要花很多心思设计课程，将植物认知、调查分享和时事关注等内容结合在一起，或邀请有威望的教授前来授课。虽然时常感觉很累，但她更愿意留在自然大学，因为有了很多"铁杆学生"支持她。

自然大学通过自助型人才培养，使公众实地参与调查、探寻自然环境和零距离直面环境问题，拓展公众自然而然地按照本性学习的机会，让公众知道，环境保护就是为了让更多的人过上更美好的生活而努力。

自然大学作为民间的环保组织，如何破冰社会与暖化时代，便成了能否成功推进环保行动的基础。自然大学成员和媒体一起调查河南省某地古树进城时，竟顺便调查出淮河源头有好多木炭卖给韩国，当即向韩国发起一场"绿色选择"的公众运动。先后在全国范围内共做了30多个环境调查，比如对蒙古"铁蹄马"保护问题，经媒体曝光和众多民间环保组织跟进后，使得很多环境破坏行为最终得以妥善解决。举办包括"我为祖国测重金属""我为祖国测空气"等社会实践活动，以实际行动体现民间环保组织"发现与干预"的正能量，在环境状况与社会各界产生实质性影响和行动。之后，他们陆续又把电磁环境、甲醛、水质、噪音、室内二手烟纳入检测目标。

2013年以来，由自然大学发起的"环保有约"网络平台进行了上线公测，同时注册实名微博，研发APP手机客户端，已成为中国环境伤害事件的"快速响应激发器"，配合自然大学各个学院的课程活动，大量接收各地志愿者发布环境伤害的文字、图片及视频信息，并展开有效干预。

在这里，每个人发现的环境问题，都将被定位到电子地图上，汇总进入"环境伤害信息库"，将污染问题持续曝光，引起更广泛的关注和重视，成为推动组织合作和针对性干预的重要证据，促使重大污染问题得到有效改良或彻底解决。

多年来，自然大学以其"人人都可以'念'的大学"而著称，致力于"化伤害为美好、化腐朽为神奇，持续向自然学习、永远卫护大自然"之行动，协助所有人打通人与自然界的阻隔，引导普通公众成为环保志愿者，被越来越多的人所熟知，闻名全国。

心灵悟语

单个人的力量是有限的，只有唤醒众多人的内心，共同参与到一项有意义有价值的事情中来，这一处一处的小火苗才可以燃起熊熊大火，一件小小的事情在共同努力下，才可以做出成绩，才可能被称为事业。

没有树，我们依偎什么

我住在小院平房里，门前有一棵高大粗壮的泡桐树，宽阔的树冠，枝盛叶茂。夏天，茂密的树荫，宽广而厚重，遮住骄阳，引来清风。我常常在树下遍洒一层水，搬来一竹椅，或看书或读报，风吹树动，唯荫翳依然盛浓，心静神闲，清凉中含带风的气息。好多年了，我已习惯于它无声的守卫和垂护，更不曾也不会想会有什么变故即将发生。

然而，一场突如其来的暴风骤雨，如同决堤的洪流，从天而降。正是夜间，风声雨声，奔走呼啸。我陡然从梦中惊醒，只听见一声巨响，一棵那么强壮那么旺盛的泡桐树，却没能顶过一场风暴的劫难，轰然倒了下去。值得庆幸的是，树没有倒压在房顶上，而是如一堵矮墙，横堵在门前。庆幸之余，我深切感悟到生命在无比坚韧中也有脆弱的一面。

这是我有生以来，遇到最大的一次风雨。一连好几天，我失魂落魄一样，从未有过的无助和落寞袭上心头，犹如风雨袭来时，没有始料。

更何况，相伴多年的一棵树倒下去了，一如人生里失去一个至诚的朋友，无所适从。

几天后来了一帮人，斧砍锯裁，截枝断树，又一车车拖走，唯独留下树墩静卧在门前。一个人坐在树墩上，赤裸裸的天光豁然一亮，无遮无拦，直射扑闪而来，光亮而刺眼。惶惑的目光没有了可以栖息的枝头，风从哪里来，又到哪里去，没有树叶飘动可以辨别风向。先前喜欢依偎着大树消受情感，但现在却失去了值得信赖的寄托，甚至花登枝头报春来的惊喜以及叶落归根为更生的达观，也随着它的失去而成为茫然的记忆。一时间，从心头失去的仿佛不只是一棵树的生命，深挚地说，如同迎来了人生的一大重创。

风雨过后，树墩也被来人拖走了。在没有大树的日子里，我不期然地会回望自己来时的路，离开可依赖的父母，远离可依托的家园，独自去闯荡所谓的人生，以及走在陌生街头时，天地和城市陡然无比高远和空旷，神情和目光异常慌乱的情景。那时刻，我总会想，在人的一生中，有一棵大树可以依傍该是多么幸福啊。

心灵悟语

生活就是这样，不经历风雨怎么见彩虹，有棵大树可以依偎当然是一种幸福，当沧桑岁月已成淡淡的风，身边失去了这棵大树，或头顶之上已没有了百般呵护时，我们的生命质地同样光彩鲜活，并从自我出发，依偎生活，拥怀亮色。

把"拼凳"打造成神器

80后木作达人张器安，自小对木工活感兴趣，大学毕业后成了一名建筑师。生活中，他的自娱自乐方式就是做木工，家里的饭勺木碗等生活用品，都是他工作之余捣鼓出来的小木器。

张器安从建筑公司辞职后，基于同样想"做点东西"的理想，和结识多年的建筑师好友祁岳，联合创办了属于他们自己的设计品牌"无有匠造"工作室，重新开启"从无到有"的木作之旅。他说："虽不在建筑公司上班，但可以和喜欢的木头打交道，心里觉得踏实。"

有一次，祁岳跟张器安闲聊时说："女儿刚上幼儿园不久，第一次送她去教室，回头看见她一个人怯怯地站在教室外很久。因为女儿说新来的小朋友都害羞，谁也不理谁。"二人越聊越深入，他们认为，属于独生子女一代的小孩子们，社交需求同样很重要。于是，他们就想为鼓励孩子聚在一起玩而做些什么。

二人随即行动起来，拿出多年来积攒的各种家具草图，研究来研究去，也没想出什么好办法。一连几天，他们本着能让小朋友一看即明白，且会主动聚在一起玩儿的设计理念，又画出一沓草图，终于琢磨出了木作"拼凳"，就像做拼图一样来拼凳子。

拼凳虽然没有太多装饰，只是将凳面做成拼图造型，却可陪着孩子很久很久。重要的是，为确保材质环保，他们还是经历了重重选择。传统榫卯拼接不带有一个螺丝钉，采用黑胡桃木及白蜡木而颜色耐看且温和，反复精磨使木质表面呈现细腻手感，以及使用环保油漆等，保证孩子使用安全。

有趣的是，拼凳不只像拼图那样随意拼拆，还能拼成排排坐的长板凳或者小矮桌，赋予"拼凳"种种实用价值和暗示作用，暗示小朋友去找更多伙伴，一起玩拼凳，一个小朋友搬不动，另一个则会过来帮忙，不知不觉中，就会交到更多好朋友，顿时让"拼凳"也变得有趣起来。

张器安和他的"无有匠造"工作室，经过营销推广，已形成品牌效应，将拼凳投入量产，把小板凳打造成了孩子们的交友神器。

※≋ 心灵悟语 ≋※

我们的生活中有那么多的关卡需要被攻克，我们的生活中有那么多的方面需要被提升，我们的生活中也会有很多负面情绪需要释放。何以解忧？唯有买学做。

只有做出不一样，才能成就不一般

黄珠琳，这个水影画的"元老大师级"人物其实是个只有26岁的青年，开始时，他在家中潜心钻研水影画，以中国古代"墨池法"和沙画表演艺术为启迪，自2010年第一幅水影画问世以来，博得无数人追捧和喜爱。

1985年，黄珠琳出生在山东菏泽，自幼痴迷美术，大学读的却是土木工程专业。大学毕业后，父母将他安排在一家国企建筑公司上班，但他发现自己还是喜欢画画。

有一次工地上在做地基，身在高处的同伴需要一枚铅锤，他站在下方向上抛递铅锤时，将一根木棍碰掉，恰巧砸在他的鼻梁骨上，造成骨折。虽是意外事故，他却感到心中窃喜，因为这样，他就可以名正言顺地休养一段时间，回家继续寻找他的绘画梦想了。

休养期间，电视里关于"沙画"的节目深深吸引了他。黄珠琳认为自己也可以做沙画。一个星期后，他把道具全部做了出来，也把沙画做成功了。但这时，中国沙画已风靡全国，不再是什么新鲜事，关注度自然大打折扣。渐渐地，他对沙画失去了兴趣。要想成功，必须另辟蹊径。

黄珠琳决定从"五行"中寻找灵感。很快，他发现在水面上作画，如能成功，必将火爆。中国人在水上作画古已有之，可以追溯至唐朝，即"墨池法"。除此之外，别无文字记载，也没有视频拿来参考。黄珠琳决心自己开辟新路，研究水画。从此他宅在家里，潜心钻研技法。

在水上作画比沙画的难度大多了，摸索起来失败时多，成功时少。黄珠琳说："水影画的神奇之处在于介质，绝大多数画作都是落在固态物上，水影画却是在流体上作画的一种艺术形式。"

"墨池法"中记载，用作绘画的水并非是单一的水，绘画用水得有一定的黏稠度。为求得合适的流体材质，黄珠琳坚持钻研了四个多月。那段时间，他利用工作之余，疯狂查阅资料和做实验，前前后后找来100多种材料当介质，做了几百次实验。

黄珠琳终于调试出胶质的水体和颜料。这种经过加温烧开后的水质，加入特定的中间介质后就不会让墨迹渗入了，同时又不像胶水那样沾黏。然后，他把调试好的水装满自制的底部投射有白光的透明容器中，在水面上点一滴或几滴彩墨颜料，用针笔进行引导塑形，果然就形成了不断变化的美妙花纹。

随后，欣喜若狂的他不顾家人的反对，毅然辞去了工作，全身心地投入到了水影画的创作之中。水影画有其独特的手法和工艺，以水影画《敦煌》为例，在水面上用滴管滴上六个圆点，再将它们用针笔切划开来，圆点就成了广阔又具有流线感的沙漠；再在沙漠上方滴上四个圆点，寥寥数笔就可以将它们变成一个人和三匹骆驼；而一个多层宝塔也在画家的滴管下转眼变成了一尊佛等，画如水，影如画，流动水面将气势磅礴的大漠表现得淋漓尽致。就拿骆驼形象的创作来说，别看仅用了8笔，竟是他苦思冥想了整整一个星期，才构思并完全掌握的。

黄珠琳将亲自制作的水影画《敦煌》视频传上了网，点击率在短短两天就超过了300万，被各大门户网站和媒体疯狂转载。黄珠琳一跃成为网络红人。

黄珠琳的水影画继沙画之后，创造了前所未有的关注度，走上了一条艺术和商演相结合的道路。不久，黄珠琳在同为"80后"的徐玲、钟晓龙等画师加盟下，组成8人创作团队，成立了珠琳水影文化传播有限公司，从此将水影画全面推向市场。

心灵悟语

只有做出不一样，才能成就不一般。黄珠琳正是凭着这种勇于另辟蹊径的探索和创新精神，走出了一条超越寻常智慧和创意、让奇迹和财富齐飞的艺术人生。唯有敢于不走寻常路，才能成就不一般的成功之路和事业征程。

谦逊是美德

　　1988年10月的一天，德里克·罗斯出生在美国芝加哥南部一个号称为"罪恶之城"的地方，在家中排行老幺，上面有三个哥哥，是母亲布兰达独自一人把他们四兄弟拉扯大。

　　小时候，罗斯是个非常敏感的孩子，每次在外玩耍时，心中一旦有危险的预感，他就毫不犹豫地跑步回家。那时候，家中兄弟四人已经常在街头的球场上打篮球了，老大善于控卫，老二长于投射，而老三拥有扣篮的本领，等到最小的他也开始摸上了篮球，三个哥哥不约而同地惊奇发现，这个小家伙竟拥有他们所有的天赋。

　　罗斯出生后，母亲对其余三个哥哥则能一视同仁，唯对他却宠爱有加，视为心肝宝贝，严格培养和教育。由于他从懂事起，就牢记全家人对他寄予的厚望，远离贫困社区的种种恶习，专心打球，加上他的执念也是"认真上学，努力打球，做个好孩子"，长大后更觉得能进NBA打球才是他最大的梦想和奢望。结果，他如愿以偿。

正因为如此，在罗斯成名之后，没有人在意他的过去，更看重的是他在NBA赛场上如何成为一颗光芒四射的巨星。他是2008年NBA选秀状元，获得2009年NBA年度最佳新秀称号，并入选当年最佳新秀阵容第一阵容。在2011年常规赛季来临之际，母亲布兰达很意外地为他制订了一个新的目标就是："不许说脏话。"

进入赛季后，年轻的罗斯作为芝加哥公牛队的王牌，表现极其神勇，以平均每场斩获25分、4个拦板和8次助攻的出色表现，带领球队以62胜20负的成绩夺得全联盟第一的头衔，并超越此前23岁时获MVP奖项的传奇巨星维斯·昂赛尔德，拿到了本年度最有价值球员奖。

毫无例外，罗斯是从贫民窟走出的篮球明星，有着从不骄傲自满的品德。因此，他牢牢记住母亲的无限期许，不许自己在球场上说脏话，而且哪怕在电视上听不见也不行，因为别人能从口型上看出来。

有一年在美国芝加哥联合中心，效力于公牛队的新一代领军人物德里克·罗斯，从NBA总裁大卫·斯特恩手中接过常规赛MVP奖杯的一刹那，这位年仅22岁的后卫比上一个捧得MVP奖杯时的飞人乔丹还要年轻3岁。这无疑是芝加哥久违的荣耀，因此他有更充分的理由被定义为乔丹的接班人。

在授奖仪式上，他是如此谦逊，看起来不像个超级巨星，甚至有人质疑他的奖杯，但熟悉的人都知道他确实不够大牌。如今的他终于实至名归，面对数万名球迷逐一表达感谢，镜头前他哽咽着说："最后……我要谢谢我的妈妈……是她成就了现在的我……回想当初那段厌恶训练的日子，我就能回忆起妈妈给予我的鼓励。那是一段艰难的岁月，是妈妈陪伴我走到今天……"

他强忍住的泪水，最终出现在了母亲布兰达的脸颊上。"不许说脏话"，多么朴素的话语，更是全世界人都心知肚明的道理。而德里克·罗斯，至今还保留着在任何场合都尊称别人为"女士"或者"先生"，甚至有一次，他拍完一则广告后，认真地向片场每一个人道谢，就连打杂的也不会错过。而这一切，都与母亲长期的谆谆教诲分不开。

❈❈❈❈ 心灵悟语 ❈❈❈

永远保持谦逊，是罗斯最伟大的美德。他22岁，最终成为美国NBA历史上最年轻的最有价值球员。

王者的天赋与法宝

1岁时爱玩智力玩具，2岁时能分辨汽车品牌，4岁时能用近6个小时拼装一辆玩具火车，8岁时开始接受国际象棋训练，这些看似每一个平常孩子都可以"炼成"的事情，并无非凡和特别之处。

时间过得很快，在5年之后，13岁的他便被授予了"国际象棋特级大师"称号。这位被其教练称为"百年不遇，前途无量"的神童，就是现今国际象棋世界棋王芒努斯·卡尔森。

1990年，芒努斯·卡尔森出生在挪威，是个典型的90后小伙儿。他的父亲老卡尔森只是一位拥有锦标赛资格的国际象棋玩家。

2003年，时年13岁的小芒努斯·卡尔森因打败当时的世界棋王卡尔波夫，并打平"国际象棋最高峰"卡斯帕罗夫再次名声大震，从此便有了"棋坛莫扎特"的美誉。

然而，在父亲老卡尔森的记忆里，小卡尔森很小的时候，并未表现出在国际象棋方面有超人的天赋，而最后之所以他能够坐上"世界棋王"的宝座，完全源于小卡尔森和姐姐艾伦的"对决"和"争锋"。

那时，小卡尔森和大他两岁的姐姐艾伦都很小，便跟仅仅拥有锦标赛资格的父亲学棋。在姐弟俩学棋过程中，小卡尔森为了能够在棋盘上战胜姐姐，才开始加紧钻研棋艺，刻苦训练。终于在8岁的一天，他如愿打败了姐姐，自此对国际象棋的热情越发高涨，一发而不可收。

卡尔森在棋艺上少年得志，骨子里却还是个大男孩，性格文静，长着一张娃娃脸。但只要他坐上棋桌，便双眉紧锁表情专注，俨然是一个快刀杀手，不仅一次能够心算20步棋，运算速度比电脑还快，而且能清楚记得6年之前参加比赛时的每一步棋，极具非凡的驾驭能力和记忆天赋。在现任教练、前俄罗斯棋王卡斯帕罗夫看来，卡尔森拥有超人的象棋"方位感"，是百年难遇的天才棋手。

2010年初国际象棋世界排名表上，挪威神童芒努斯·卡尔森由此取代其教练、俄罗斯天王巨星22岁时登上榜首的卡斯帕罗夫，成为史上最年轻的国际象棋棋王。

心灵悟语

天赋不是成就神童唯一的至高法宝。所谓法宝，唯有争锋，无畏对决。成功都是源于后天。在一次次"对决"中快乐成长，在"争锋"中获取乐趣技艺，从而练就无畏困苦战胜困难的雄心和耐心，激发不断进取力挽狂澜的决心和斗志。

艰辛是成就梦想的沃土

2011年7月6日，总部设在美国华盛顿的国际货币基金组织（IMF）历史上第一位女总裁，号称"金融界里的香奈尔"的法国财政部长拉加德，将副总裁职位由原来的三位增加到四位，7月12日，提名中国央行前副行长朱民担任新增设的第四副总裁。7月26日，朱民正式上任IMF副总裁，他因而成为IMF有史以来首位有着中国面孔的高层领导人。

除此之外，生活中的朱民又是怎样的一个人呢？获知自己荣任IMF副总裁后，仍不忘自我调侃："我就是猪头肉炒成回锅肉，一个小人物而已。"他被媒体称赞为"中国绅士"，是享誉中外的经济学家，谈吐幽默，谦恭儒雅，极为低调和平和。

朱民是一位绅士，不过是一位平民绅士。1952年出生于上海，1977年参加首次高考，被复旦大学政治经济学专业录取，是在中国改革开放背景下一步一步成长起来的知名经济学家。但不为很多人所知的是，在他乐观和优雅的生命背后，有着一段极为沧桑而又艰辛的早年经历。

16岁那年，他初中毕业，被分配到一家工厂上班，当了一名装卸工人。说是装卸工，其实就是个扛大包的，作为初中刚毕业的孩子，在命运驱使下，他每天都要扛两百斤重的糖包。那时的他白天扛包气喘吁吁，精疲力竭，晚上回到家还得练习拉小提琴，但让许多人感到意外，甚至难以想象的是，他却因而养成了乐观向上和肯下苦功的性格。

25岁，朱民考上了复旦大学。33岁，已留校任教的他远赴美国深造，但到达美国后他才发现，自己的英文底子根本不够用，有时上课连教授讲的什么都听不明白。怎么办呢？每一节课他都第一个走进教室，坐在第一排离教授最近的座位，利于集中精力专心听课。通常情况下，教授在课堂上的授课内容也是知识产权，是绝不允许学生录音的，但朱民为尽快突破语言关和学习专业知识，每上课之前跟教授说："对不起，我的英语不好，能不能把课录音？"恳请教授网开一面，经教授同意并准许他录音，他才把课程录下来，课后再反复研习。

1990年朱民38岁，以超乎常人的勤勉与严谨，先后获得美国普林斯顿大学公共行政管理硕士学位以及美国约翰·霍普金斯大学经济学硕士和博士学位，获聘于世界银行政策局，在实践中展露非凡才华，拓宽了视野，迅速成长为富有经验的学者型国际金融专家。

44岁，朱民回到祖国怀抱，在中国银行任职。此后13年，他因熟稔世界各国的金融法律法规而跻身国际顶尖金融人才圈，曾经工作过的同事评价他："关注细节，注重数据，记忆超群，做事认真，是兼具个人魅力和顶尖专业素质的复合型优秀人才。"

2009年10月，朱民57岁时被调任中国人民银行副行长，4个月后，即被时任国际货币基金组织总裁卡恩任命为总裁特别顾问。

2011年7月12日，IMF新任总裁拉加德提议任命朱民担任新增设的一个副总裁职务，理由是："他拥有政府、国际政策制定和金融市场的丰富经验，高超的管理和沟通技能，以及对基金组织的深刻理解。"誓将与朱民一起"迎接全球成员国未来面临的挑战，并增强基金组织对亚洲和新兴市场的了解"。

心灵悟语

人生是需要情趣和精神的，朱民的人生智慧和生命品格，的确给了我们很多不一样的启迪，艰辛是成就梦想的沃土，只有能够承受艰辛直面苦难，才能无畏风雨披荆斩棘，最终定会在更广阔的人生乃至世界舞台上，绽放非凡梦想之花，收获丰硕成功之果。

完成胜于完美

2013年5月上旬，一位年仅17岁的美国女孩詹妮·拉梅尔（Jennie Lamere）引起全美媒体的高度关注，因为她单独参加电视真人秀"黑客马拉松"（Hackathon）大赛，并赢得了最高奖。

詹妮·拉梅尔还只是一名普通的高中生，她有何技能获得最高奖？"黑客马拉松"是怎样的一种赛事？女孩似乎很难与"黑客"联系在一起，因此詹妮·拉梅尔更是引起极大轰动。

在此次电视真人秀黑客马拉松大赛上，汇聚了来自各路的黑客精英，他们中有软件开发者，有用户体验设计师，有产品经理。小小年纪的詹妮·拉梅尔以一款名叫"Twivo"的APP应用程序，击败了所有竞争者。

黑客马拉松也叫"黑客日"或"编程节"，原是汇集软件研发人员深度合作和全程参与的软件项目活动。规则简单：一般持续十几个小时甚至一周，参与者放下一切工作，可根据兴趣偏爱进行软件开发，用双手和智慧实现一个互联网解决方案，并在活动期限内完成作品，做成产品。

是日，年仅17岁的女高中生詹妮·拉梅尔，在很多人并不看好女程序员的情况下赢得最高奖。她的这款"Twivo"简洁而优美，是为喜欢在网上观看影视剧的用户开发出的一款有关网络服务的应用插件。Twivo是"Twitter for TiVo"的缩写，可作为谷歌浏览器的APP插件，用户可根据个人需求，屏蔽尚未播出的剧集，防止前一集没看完、所有剧集的内容及评论却被提前"剧透"了。

詹妮·拉梅尔在身为知名软件师的父亲的影响下，在过去的两年里已参加过5次黑客马拉松。这是她第一次单独参加电视真人秀大赛。她所提交的"Twivo"应用，势必在日后的网络观剧中发挥作用，当用户看完某一剧集后，可选择将这一剧集的评论重新显示出来，无须再承受他人经历过的观剧"后遗症"。詹妮·拉梅尔的科技故事一经报道，即引起了"女性与IT业"的话题讨论。某公司联合创始人表示："这是个典型的企业家故事，找到一个痛点，然后去解决，证明年轻女孩也能成为开发者的创新资源，黑客马拉松与性别无关。"

詹妮·拉梅尔在接受媒体记者采访时说："我没觉得女程序员有何不好，也没有夹杂任何性别歧视，从底层做起，直到接触大项目，女生写代码，其实并没有想象的那么难，而相比学校的计算机课程，我在黑客马拉松中学到的知识更多。"

现今，黑客马拉松活动遍布全世界，每年都会在全球20多个城市举行，也是风险投资人寻找人才精英和投资目标的理想场所，被称为程序员们的"智力狂欢节"，极其火爆，甚至蔓延到传统的IT世界之外，出现了由男性到女性、从少年到大学生，并细分为专项的诸如改善教育、与自闭症斗争、清洁能源、购物指南等各类领域的黑客马拉松赛事。

那些疯狂热衷于黑客文化的软件开发者，终于能以不同的方式追求曾经没有机会追求的创意和梦想，与有相同兴趣的人在一起，共同度过一段极尽疯狂的"智力狂欢节"，谁都不会轻易错过或放弃每一次参加黑客马拉松大赛的机会。

在中国，智能手机风行，黑客马拉松已成为插件开发的主要源泉。一群"代码控"从陌生到相识再组成团队，从开场进行激烈的头脑风暴，到激发新点子和拿出炫酷创意，非常考验首次合作的团队意识和精神。

心灵悟语

因此，所谓黑客，不只是爱德华·斯诺登。"完成胜于完美，代码胜于雄辩"才是黑客马拉松参与者们最有力的口头禅。

有一种生活叫阳光清新

对于"宅"惯了的宅男宅女们来说，宅，不单单是一个字，已是一种生活状态。

王东是一个典型的IT男，2008年毕业于上海同济大学艺术设计专业，硕士学历。他的职业是某公司的设计师和项目部经理，这在高新科技园区直接象征着高端的技术、可观的收入和无限的远景。平时在公司里上班本就很忙，忙完工作后回到家中，基本就是一个人的世界，逢双休日更是足不出户，没有人陪伴，也没有交际。

2011年3月，王东和女友分手之后，宅在家里一个多月，先前手机非常熟悉的呼叫铃声也不怎么响起了。最为显著的变化，就是他更加沉默寡言。王东很想改变这种刻板地依赖电脑和网络的虚拟状态，以及不工作就喜欢宅在家中悠闲散漫的现实状况。

王东很快发现工作圈里同事们的经历和生活状态十分类似，同时也意识到一个人总宅在家里，脱离群体、没有社会交际，身体和心理渐渐地也会进入亚健康状态。于是，他思考了一番后，就有了创办一个网络交际平台的想法，通过这个网络平台，凝聚和促使更多宅男宅女从网络世界走向现实生活，帮助宅男宅女们拓展交际圈。

有一次，王东在公司和几位要好的同事闲聊时，把自己创办网站的想法说了出来，更让王东意想不到的是，这竟引起同事们的强烈共鸣，这几位同事仿佛遇到了知音。因为在工作之余，他们几个的生活比王东的"宅"都有过之而无不及，早就想逃离宅生活了。接着，王东和同事们进行了反复分析，首先将"拒宅网"的名称定了下来，其意义简单明了，拒宅就是拒绝宅在家里的意思，经论证后发现"宅人类"之所以宅，无非是要么无人陪，要么不知道去什么地方玩。

2012年2月22日，这是颇有意义的一天。拒宅网选择这个很"二"的日子上线，足见王东和同事们那难以言说的心态、轻松美好的愿景以及积极迫切的心情。但仅仅过去了3个多月，每月的注册用户都超过了1万人，网上网下发起的活动也都是一呼百应，大家都热情高涨。

按王东和同事们的设计方案，"拒宅网"设置了两大板块，一块是找伴儿，一块是出去玩，两大板块都"点"中了宅男宅女们的"要穴"。打开"拒宅网"，找伴儿的呼唤不绝于耳，出去玩的好主意五花八门。

在王东前期网站宣传后，"找伴儿出去玩"的拒宅理念在宅男宅女中产生了广泛影响和共鸣，也引起了媒体的关注，"拒宅网"在宅男宅女互助和关爱、拒宅自救和心理解读等方面发挥了重要作用，被媒体誉为宅男宅女的"拒宅器"和阳光清新的社区。2012年5月，在一次由"拒宅网"策划组织的微博求婚线上线下活动中，同时撮合5对宅男宅女成了恋人，这只是公开的保守数字，实际配对成功的有情人肯定会更多。其中，有一个宅男在拒宅中自行策划了一场浪漫的微博求婚，他在QQ群里号召大家："我想在第1000条微博里向她表白，希望得到你们的围观。"于是，就这一句话，又再一次掀起了一股围观热潮。

作为拒宅创办人的王东始终保持清醒的认知，强调拒宅和同类其他婚恋交友网站有所不同，他们强调爱情的化学作用。宅男宅女们厌倦了诸多婚恋网站单刀直入式和物欲横流式的交际模式，想要成功婚恋，必然要拒宅。在拒宅模式里，不是直接以结婚为目的的相亲活动，而是在聚会或旅游过程中聊上了，把从前的那种邂逅的浪漫找了回来。拒宅打造了一个阳光清新的网上社区，最终成为宅男宅女们尽情享受走出户外挑战极限乐趣的平台。

曾经，有种渴望叫"逃离宅生活"，有种美好叫"找伴儿出去玩"。现今有一种行动，从封闭空间走向阳光天地，让生活充满阳光清新。

心灵悟语

"拒宅一族"对渴望脱宅的用户充满吸引力，并与宅文化相对应，因其倡导亲近大自然、爱好户外运动和渴望真实质感等对健康有益的生活方式，受到越来越多年轻人的追捧。

码农"变身"音乐家

王戈的真实身份是个典型"码农"，曾是美国斯坦福大学计算机系教授。2008年，在他还是助理教授期间，就联合创办了一家专注于移动音乐应用与开发的公司，这家位于美国旧金山硅谷的Smule公司，后来被誉为"移动社交音乐的先驱"。

王戈出生在一个有着浓厚音乐氛围的家庭，9岁时离开北京，随父母定居美国，13岁时拥有属于自己的第一把电吉他，后就读于普林斯顿大学，学的是电子计算机技术专业。此时，音乐只是他诸多业余爱好中的一个。

大学毕业后，王戈留校继续深造，攻读的是音乐及声学计算机专业。如果没有攻读研究生，他大学一毕业或许就成了典型的码农，但他在攻读音乐及声学计算机专业后发现，如果把各种不同的元素和模块架构起来，不是乐器的计算机也能变成乐器。随后，王戈继续攻读博士学位，并创作出一种名为"Chuck"的音乐编程语言，开创了他的第一个"计算机交响乐团"，用自创的Chuck音乐编程语言，把一串串代码幻化成音乐。

王戈进入斯坦福大学工作后，担任了杰弗里·史密斯博士的助理，二人很快成为事业上的合伙人。最初，王戈专心于教学和学术研究，并没有开公司创业的打算，他在这一年的主要兴趣，依然是把冰冷的代码编织成鲜活的音符，演奏音乐。

这时，美国苹果公司的应用商店上线并向软件开发师开放，手机软件开发者纷纷上线编写代码或发布自己的APP软件。机缘巧合下，王戈也编写并发布了一款名为"Ocarina（陶笛）"的APP程序，仅上线4天后就冲到了各类应用下载排行榜的第一位，持续时间长达3周之久。

按王戈的话说，这款Ocarina软件，其实是把人和手机的关系，借助手机里面的声音感应器，变成人和乐器之间的关系，打开Ocarina软件，你的手机便成了一个"数字化"的乐器陶笛，即可用手持陶笛的方式捧着手机，用嘴对着手机话筒吹气，伴随着手指动作，就能像吹陶笛一样，让你的手机发出音符。在当时，这种人机交互并能吹奏音乐的手机应用，重新界定了乐器的概念。

王戈又以此前的灵感和技术为支撑，与教授杰弗里·史密斯博士联合创办公司，取名为"Smule"，并很快获得种子资金160万美元，王戈则摇身一变成了联合创始人兼首席技术官。这样一来，王戈便在用手持设备编写音乐的同时，继续做音乐及声学计算机领域的学术研究。对王戈而言，开发产品只是兴趣的一个延伸，并非初衷。

一直以为，王戈在教学和学术研究领域如鱼得水，不仅当上了大学教授，还在全球TED大会上，以边演讲边演奏的方式，介绍了他的"计算机音乐"及其未来与世界串联的构想。

一年后，王戈放弃了教学和学术工作，利用自创的Chuck音乐编程语言等科技手段，继续玩他的音乐。他开发的手机APP累计俘获全球上亿用户，用他的话说："音乐门外汉也能瞬间化身音乐家，演奏出美妙的音乐，让更多的普通人'分享你的存在'。"

已是首席技术官的王戈虽已带领团队累计开发了十多款手机应用，获得超过千万美元的多轮融资，但在公司的财务上，仍未能实现收支平衡。不过王戈对此并不担心，此时他已建立起一个全球性的音乐社交网络和"计算机音乐"的概念和理念。

王戈留着及肩长发，风度翩翩，就是这样一位拥有着大学教授头衔的"音乐顽童"，是工程师，亦是音乐师。此后，他又组建自己的"膝上电脑"管弦乐队和"智能手机"交响乐团，让高科技智能产品，通过演奏也能发出美妙的音乐之声，不断尝试改变音乐的呈现形式。

比如，Ocarina（陶笛）软件，可以让手机瞬间变成乐器陶笛，演奏者只是对准话筒轻轻吹气，陶笛之声即刻在演播室内回响，明快的音色宛如美妙天籁，令人沉浸其中。另外，王戈所用来演奏和演示的设备，犹如一支管弦乐队，演奏者通过传感器跟自己操控音乐的身体串联起来，实时侦测双手的演奏动作，平板电脑也变成了魔法钢琴，随着指尖跳跃，琴声便流淌而出。

再比如：地铁进站的寻常声音在王戈手下变成了丰富的和弦，组成一首美妙的乐章；将传统的钢琴键盘设计成手机界面上坠落的圆点，用户敲击这些圆点同样能够发声等，一款全新的APP应用让人自由地演奏甚至创作出自己的曲子。

王戈与其他20名工程师花了三个月的工夫，研发了一款叫作"魔术提琴"的软件，希望任何人都能因此不必太伤脑筋就能玩乐器，自由自在享受创造的乐趣。这些由王戈带领的技术团队开发的系列音乐应用，成了全球性的大事件，也使得Smule公司在创办5年后扭亏为盈。

三年前，王戈彻底辞去大学教授之职，将全部身心转向公司产品的技术开发，继续着他的"音乐"事业。这时，全球有2500万人使用Smule公司的手机应用，下载总量超过1个亿，演唱歌曲40亿首，每天记录有1.5万亿字节的音乐，其移动音乐平台上创作的歌曲至今已超过7.5亿首。重要的是，全球有超过35万个付费用户，占据销售总额的85%，Smule公司盈利4000万美元。

相比传统的乐器，更神奇之处在于，通过Ocarina软件，你还可以聆听到世界上任何一个地方、个人，同样通过Ocarina传递出的任何一种声音。也就是说，你吹奏的音乐，与此同时或许正被世界上某个地方的某个人所倾听着，着实奇妙。

Smule公司的系列音乐APP则更像是音乐中的玩具或游戏，任何人都不必太伤脑筋就能玩乐器，大大激发了使用兴趣，创作音乐的门槛也降低了，每个人都能自由自在地享受创作音乐的乐趣，找到打开音乐创作之门的钥匙。

创者无疆，思者无界，计算机音乐未来能有多少种可能？回忆自己的"音乐顽童"之路，王戈坦然地表示："过去的编程是看电脑能做什么，而现在和未来，编程就是为了看人能够做什么。能把市场用户和商业模式结合起来，做出有魅力、有吸引力的新产品，兴趣是最好的导师，不仅能够遇见无限可能，也能让更多的普通人玩音乐，且玩得了音乐。"

心灵悟语

兴趣与爱好是最核心的价值观和内在驱动力，只有将这些热情与当下的市场需求相结合，才能做出最有创意的产品。兴趣是起点，热情是催化剂，两相结合，把自己擅长的事情发挥出最大价值，就构成了成功的原动力。

第五章

一味贪图安逸，如何苦尽甘来？

在最该奋斗的年纪，一味地贪图安逸，最终生活的细枝末节会消磨掉人的斗志，会让人渐渐忘记努力的意义，体会不到苦尽甘来的美好。人生向来有逆境有险峰，而逆风中勇敢前行，低谷中昂扬歌唱，才是勇者的姿态。告别安逸，去追求自己心中的梦吧！

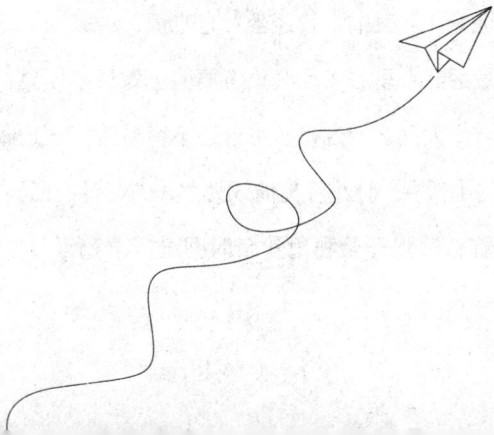

留只小板凳陪孩子长大

三年以前，曾强一直在国内或国际广告公司担任要职，其创意作品曾获得多项国内外金奖或大奖。在他看来，创意人就该有很多想法，这会催生很多个人爱好，而家居设计是他最先想尝试的选项。两年前，一个偶然契机，他创办了"十二时慢"木工房，意为时光中的每分每秒，只有把时间交给木头，才显出更慢更长，用精工细琢打动木头，放缓生活。

直到有一天，太太无意间回忆起小时候坐过的小板凳儿，动情地说："小板凳儿丑丑的，曾经坐着它吃饭、过家家、写作业，可如今，早已不知被丢到哪里去了。"执意要他也做只小板凳，当作礼物送给女儿。曾强听太太这么一说，心想这还不容易吗？一定做一只能陪伴女儿一起成长的小板凳，让小板凳能成为女儿的美好记忆。

紧接着，曾强开始利用业余时间进行草稿设计，竟先后五易其稿才感觉满意，但做出来既好看，又适合女儿搬来挪去，坐得舒服的小板凳，则让曾强投入了大量时间和精力。

不知不觉，一年过去了，曾强从家具结构、组装原理学习到了木头材质。他越是深入学习木工工艺，越觉得有意思。重要的是，曾强在此过程中，结交了不少木工爱好者及制作人。他们索性组成一支木作团队，取名"十二时慢"，共同打造他们心目中的小板凳。

曾强认为，设计和制作一只小板凳，谈不上复杂，但作为陪伴小孩子的礼物，却饱含着满满的诚意和爱，因此要采用上佳材质和工艺。当第一只成品小板凳做出来，送到女儿手边时，女儿一见倾心，感到非常满意。随后，曾强把小板凳图片传至朋友圈，同样引来很多妈妈的点赞，纷纷请求量产，送给更多家庭的孩子们。

心灵悟语

现今，"十二时慢"木工房的团队成员中有影视制片人、创意设计师、老木工师傅和木艺爱好者等，皆是喜欢满世界寻找有趣事物的木友。"十二时慢"木工房即成了他们切磋交流、放松娱乐的场所，甚至不断有新人慕名到访和参与学习。"十二时慢"作为颇具国际范的团队组合及本土品牌，也寓示着他们的做事态度。

谁是你青春里的"卧底"

杰瑞是一名萨克斯手，出生在美国一个偏远小镇，二十岁出头的他，吹奏萨克斯风已有14个年头了。

杰瑞初中毕业时，自感学有小成，擅自决定弃学从艺，从偏远小镇来到大都市，开启了在各大夜场跑场子的生涯。经过日夜寒暑，废寝忘食地苦苦练习，杰瑞的技艺越发娴熟，已在家乡小镇小有名气了。他也因此被赞誉为最年轻的"萨克斯王子"，展露风头。

一天深夜，演出结束后，杰瑞接到父亲的电话。伤心的父亲要他放弃跑场子的生活，让他回家继续完成学业。心高气傲的他当即婉言回绝说："没关系，父亲，我会照顾好自己的。"他选择继续留在城市，过着昼伏夜出的浪荡生活。

在18岁生日那天，杰瑞想到自己已是成年人了，于是返回家乡小镇，和家人一起开了一个生日派对。在生日派对上，心事重重的父亲见他几年未归，城市生活似乎并未给他带来身体和心灵的创伤，而且看起来衣食无忧，就没有对他再说些什么。

稍后，父亲提出一个小小的要求，高兴地说："儿子，你看，今天客人都来了，都等着你上台表演呢。你也该好好表现一下，不是吗？"随后，父亲骄傲地宣布："亲爱的先生们女士们：今天是杰瑞的18岁生日，也是他的成年礼，多年前他就被大家称赞是最年轻的'萨克斯王子'，今天他将为这个美好夜晚，献上一曲美妙的萨克斯音乐，让大家高兴……"

父亲的话音一落，场上迅速安静下来，音乐声响起。杰瑞走上台前，随着音乐演奏起来。然而意外的是，他刚吹奏一会儿，就开始有人摇头，有人讪笑："吹的是什么呀？简直像哭一样。""说什么王子，你根本就不是王子。"……这时，有一个不知从哪儿来的陌生男人，突然摇头晃脑大喊大叫道："别再吹了，下台，下台。"嘴里还不时夹杂着胡言乱语，甚至不分场合地口出狂言。

正当大家感到匪夷所思，面面相觑时，那人又冲上台去，一把夺过他手中的萨克斯管，狠狠摔在地板上。音乐在此刻戛然而止。

无疑，这一举动真正惹怒了杰瑞，血气方刚的他忍不住火冒三丈，弯腰拾起已经变形的萨克斯管，使出全身力气向那人头上砸去。那人头部挨了重重的一击，血流如注，捂着头倒在地上……这疯狂的一幕过后，无奈的父亲当着儿子杰瑞的面，赔了对方两千美金。

父亲并不感到扫兴和懊恼，目光极为冷静，表情严肃地说："儿子，你本来就不是什么王子，你现在的表演就是为给听众和客人带去欢愉和快乐。如果所有人对你喝倒彩，甚至骂你，那一定是你演奏得不够好，或者说很臭；而今天仅仅某一个人对你表示不满意，你为什么还要和人家大打出手呢？……"也许正是父亲这番话，彻底改变了杰瑞为人处事的态度，磨掉了不少他骨子里的锐气。

以后，二十岁出头的杰瑞每天在城市里跑夜场，对于自己的人生规划已有了全新的认识。因为他深深地知道，从小到大，父亲不曾打过他一次，一直在默默关注和激励着他的成长，即便有时给他讲一些做人的道理，也总是满怀关爱之心，循循善诱。但不管怎样，他越来越希望像萨克斯风那样浪漫而优雅地活着，并成为像父亲一样有责任感的人。

的确，在我们现实生活中，每个人本来就不是什么王子，也不是什么"达人"，正是因为你的强势越强，所以相比之下你的弱势也越弱，越是明显。在杰瑞的生日派对上，所有人都已事先知道，那位砸场的陌生男人就是父亲特意找来的"卧底"，故意为杰瑞找碴儿、挑刺儿和背"黑锅"的……

🌿 心灵悟语 🌿

在你的生命中，谁是你青春里真正的"卧底"，以及充当"卧底"的那个人？也许，他们才都是真正爱你的人。

专注物联网的"螃蟹实验室"

刘维超是地地道道的南京人，他自小接触电脑，毕业于淮海工学院计算机科学与技术专业，并给自己定下了"跟计算机打一辈子交道"的人生计划。

大学毕业时，刘维超留校任教。这期间，德国佛莱堡大学的教授多次邀请他去德国深造，刘维超均以不懂德文为由婉言谢绝了。最后一次，这位德国教授热情地说："我已转入到波恩大学，这所大学支持英文教学，如果你来德国，我们整个团队都可以讲英文。"

三年后，刘维超结束在德国的科研生活，回到南京，为创业做前期考察和选择项目等准备。归国之初，他考察了很多项目，最后认为基于云计算平台的人与物、物与物之间的物联网智能通信技术，是电脑网络和手机网络之后的新一代网络，应用范围同样广泛，发展前景更为广阔。

刘维召集了几个志同道合的合伙人，以专注物联网智能技术为研发项目，创立公司，在很短的时间内就赢得了行业市场的肯定。

刘维超毕竟是技术出身，作为智能科技带头人，其"科技狂人"的才华和能力得到了极致发挥，但在企业管理方面，他感到有点力不从心。因此在创业之初，他希望找到一个职业经理人，帮他打理好公司内外事务，全面负责公司的经营管理。

后来刘维超仅担任公司的执行董事兼技术总监，从繁杂的管理事务中抽身出来，凭借在德国深造时打下的技术功底和学到的产品设计理念，加上对国内产业发展前景及市场空间的判断和把握，很快抓住契机，把公司打造成了国内乃至全球领先的物联网通讯及感知解决方案的供应商。

刘维超和他的团队研发的物联网核心通信技术——船联网，顺利中标"国家级示范工程"项目，应用于水上便捷过闸系统和物联网北斗卫星定位系统等多项重点工程，成为国家发改委重点支持的物联网试点项目之一。

回国两年后，刘维超本着沉下心来踏踏实实为产业、社会和环境做更多益事的初心，为勇于创新的在校大学生及热爱设计的年轻人搭建一个开放平台，吸引他们一起来做原创。创建实验室，就是为年轻人打造一个创新生态圈和研发中心，将不同背景的人才汇聚在一个创造性的工作空间里，鼓励大家从失败中学习，同时传递一种帮助别人成功的精神。

令人感觉新奇的是，虽然这个实验室的名字里有"螃蟹"二字，LOGO上有半只耀武扬威的大螃蟹，但整个公司里却找不到一样与螃蟹养殖有关的东西，连室内的装修设计也不走寻常路，都是他们亲手完成。这里有崭新的3D打印机、宽敞的厨房以及台球桌、健身器、游戏机等设施，墙面上悬挂着项目的进度牌，也是用乐高积木拼出来的，地上的座椅是小狗或大象的造型，处处体现有趣和关爱的精神。

螃蟹实验室的理念和宗旨，就是基于尊重社会文化、尊重市场经济和尊重自然环境的设计思维，专注于物联网领域的技术与设计创新，从事最前沿的研究、设计与开发工作，探索未来软硬件技术、用户体验和服务等新概念课题。他们就是要做勇于创新及敢于"吃螃蟹"的人，并通过创造互相连接的智能物件，让这个世界变得更为智能和美好。

螃蟹实验室依托物联网核心技术成果——物联网芯片（CrabIoT），此核心技术性能强大，具备真正物联网技术"超远距离与超低功耗"的通信特征。事实证明，一个物联网芯片基站，仅需一小块太阳能电池板供电，耗电量仅为传统通信基站的1/300，而传播距离最远可达到传统通信基站的10倍。

螃蟹实验室以"遇见物联网（MeetIoT）"为主题，在南京举办产品发布会暨派对活动，并首次对外界公布和曝光了其研发的核心物联网芯片（CrabIoT），展示了3款物联网概念产品。这些看似"高大上"的新概念产品，对普通人的生活都将产生巨大影响。

刘维超非常喜欢用物联网与互联网进行比较，在物联网之前的互联网，几乎所有数据都是人工输入，而不是来自物体本身。这就预示着，强劲的市场需求已满足进入物联网时代的需求，在这里有更多的美好概念和想象。

螃蟹实验室创建4个月时间，就已研发出6款具备物联网纯正"血统"和"基因"的新概念产品，其中包括Q-Bit智能手表、绿色手机、智能定位仪、生命信号笔等。但作为一个创业公司，需要让"体验式设计+回归自然"的人性需求和设计理念，融进产品的每一个设计环节，并通过创新设计让用户感受到"螃蟹"对使用体验的尊重及对自然的爱护。

心灵悟语

螃蟹实验室，就是这个物联网时代的加速器，简单、专注、永不放弃，不断创新、不断尝试和挑战自己。他们从自身做起，努力将中国制造和中国设计提升至对世界有更大影响力的水平。

努力的结果总是这样

2012年7月，一位年仅14岁的美国洛杉矶少年从他就读的大学毕业了，他就是被美国媒体誉为"天才"和"神童"的摩西·凯·卡夫林。然而，就是这么一位集各种美誉于一身的准大学毕业生，在他的读书生涯中，却是个屡次被学校拒收的孩子。

卡夫林在接受媒体采访时说："'天才'只是一个单词，就像IQ（智商）一样，那是人们创造出来的一个数字，只评估了一个方面，忽视了造就一个人的其他因素。"

原来，让所有人感到惊讶的，正是卡夫林在学习上付出的超乎普通学生的努力和拼搏。

卡夫林的父亲和母亲都是移民美国的外国人。卡夫林的母亲是中国人，与来自巴西的父亲相识相爱，并在洛杉矶组成了家庭。卡夫林在幼年时，和许多普通孩子没什么差别，只是在父母的悉心照料和教育下，渐渐发现自己在诸多方面都有着浓厚的求知欲望和兴趣。

卡夫林4岁时，已能解答简单的算术题。卡夫林的生活并不枯燥，和大多数家庭一样，卡夫林喜欢听音乐，父母就带他学习音乐，为有一个好身体，父母又让他参加武术训练，卡夫林喜欢听故事，父母经常跟他一起阅读。然而，6岁时，父母要送他到私立小学就读，却屡遭拒绝。

最后，卡夫林被学校拒收的原因终于找到，这时的卡夫林特别不招老师喜欢，因为他表现得比学校里的老师懂得还多。无奈之下，父母只好把他带回家中，在家里给卡夫林上课。两年后，8岁的卡夫林第一次参加高考，就被大学录取，且用了三年时间就拿到了该所大学的副学士学位。

2012年4月中旬，卡夫林在面对媒体时，一概拒绝"天才""神童"的美誉。他说："这样的成绩和结果，就像我的生日是2月14日一样充满浪漫色彩，我只是极少看电视或玩电子游戏，把更多时间用在了学习各种文化知识和锻炼身体上，已经形成了良好的习惯，为此，我还赢得过国际武术比赛，学会了潜水……"

2012年7月，卡夫林又将从美国加利福尼亚大学洛杉矶分校正式毕业，成为真正的大学毕业生并取得学士学位。对于未来的打算和梦想，卡夫林显得异常沉稳而不失幽默："我从两岁开始学习，只能说没有浪费时间……不过现在，我还是没有时间交女朋友，因为对投入一段恋情而言，我还是太小了，恋爱是我拿到硕士学位或者博士学位之后才考虑的事情……"

努力的结果总是这样，从卡夫林的成长规律中不难看出，除家庭营造的浪漫氛围和宽松环境外，坚持良好的习惯和参与各种锻炼的机会也非常重要，只要努力，一切收获皆有可能。

心灵悟语

努力不会白费。人生没有坦途，没有哪条道路、哪个梦想不需要努力就可实现，不经努力和奋斗的人生，是没有意义的。今天不努力，明天仍然在原地踏步，那么你过的就是一种重复的人生，所以努力向上吧。

美国小保姆的"以卵击石"

现年22岁的美国女孩茉莉，是一个兼职小保姆，但是她迫使一家大银行取消了向借记卡用户征收月使用费的决定。她是如何做到的呢？

原来，茉莉听说，这家银行宣布要向所有借记卡用户收取使用费，金额为每月5美元。她一算，一个用户一年中就有60美元因此白白蒸发，这不是明摆着压榨百姓的血汗钱吗？她打定主意，决定向银行发起挑战。

接着，她上网来到美国一家允许任何个人与团体发布议题的无党派网站上，发起了一场声势浩大的请愿活动，号召网民在她自拟的请愿书上签名以示支持，促使银行取消这一不合理收费。

最初，茉莉的请愿活动并非一帆风顺。网民们虽然承认她勇气可嘉，但也为她的较真劲感到可笑。有人说，你一个小储户怎么可能让大银行改变举措？你同银行对垒，简直是一个天一个地，如此抗衡无疑是自不量力，拿鸡蛋往石头上砸，还是接受命运吧。

更多的人则对茉莉的行为和意图表示质疑，你不喜欢这家银行，可以换一家银行存储吗，干吗这样一根筋呢？而最终，茉莉没有接受命运，她唯一的理由就是，在美国并不是每个人都有随便换银行的自由，因为在有些地区，跑出多远的路，找来找去就只有一家银行，存储业务早被垄断了。但不管怎么说，茉莉自从在网站上发起请愿活动之后，得到了数十万网民的支持，前后在不到一个月的时间里，网民的签名信件像雪花一样飞来。还有人甚至在请愿书上签名后，仍感到不过瘾，另外附言说："美国人民在金融危机期间，花钱拯救了制造危机的美国银行，它怎么还好意思从借记卡中压榨用户一年60美元的费用呢？"

最终，这家大银行也犹豫不决了，皆因一个22岁的小保姆茉莉对征收借记卡5美元使用费表示不满后，上网收集了30万个支持者签名，她的抗议诉求，势不可当。银行终于在收费一个月后，被迫收回成命，取消这一收费举措。但这件事的影响并未就此结束，美国曾有过收取借记卡月费打算的其他大型银行纷纷打了退堂鼓，在茉莉的这场影响巨大的请愿活动中甘拜下风，败下阵来，征收计划没有推出便胎死腹中。

❧❧❧ 心灵悟语 ❧❧❧

在现实生活中，一个人感到无奈无助甚至无能为力时，不妨勇于借助集体和人脉的力量，直面现实和苦难，走出困惑与窘境。因为，只有公正、公开与合理的诉求和愿景，才能赢得其他人的友谊、支持和帮扶，既能改变自己的命运，同时也能改变更多人的命运。

三枚硬币成就的 CEO

她24岁时，家族企业破产，欠下巨额高利贷，生活一下子跌入深谷。他们曾一度被认为，即使全家人努力工作一辈子都无法还清贷款。为给18个月大的女儿挣奶粉钱，她把女儿寄养在别人家，走出家门找工作。可是，一个月过去了，她一连应聘好几个岗位都没有成功。

有一次，她要出门，搜遍全身竟连坐公交车的钱也没有找到。她顿时感到万念俱灰。

她性格内向，可这时候已顾不得羞怯，找到邻居，说出来由。邻居了解实情后，给了她3枚硬币："拿上吧，或许你今天出门，就能找到事做。"这3枚硬币是供她坐公交车用的。

她在一幢破旧的大楼前站定，再次告诫自己：无论面临怎样的待遇，都要无条件接受，因为她连坐车回家的钱也没有了。面试她的老板问："你想做什么工作？"她说："我看到这里需要行政人员，就前来应聘了。"老板微笑着说："进入公司之前，必须接受培训，你同意吗？"她接受了这个条件。为时3天的培训结束，她却成了这家公司的一名化妆品推销员。

她第一天上班，背着一大包化妆品上街销售，遭到同事一阵嘲笑——原来她穿着平底鞋就跑出来了。这时，她身无分文，哪里还买得起一双高跟鞋呢？别人从与客户接触到成交产品仅需几分钟，而她紧张得要命，一身冷汗，一句话也说不出来。她奔波劳碌半个月，也没能卖出一件化妆品。

第十六天的一大早，她一来到公司办公室便接到行政人员的祝贺：有一名客户已经愿意签她的订单了。她听到这个消息，一时忘记浑身酸痛，欣喜若狂。

她开始苦练营销术。每天收工回家，她对着镜面练习如何微笑；把镜子里的自己当作客户进行交流，练习胆量。她每天早出晚归，从一天推销掉一件化妆品，到全力以赴售光当天的所有化妆品，付出了很多心血和极大努力。她不想让女儿看到自己携带沉重的包裹回家。

一年后，由于业绩突出，她当上了这家公司的行政管理人员，月薪增至25万韩元。但好景不长，公司总部突然改变经营策略，由上门销售改为货架直销，一个庞大的推销团队不得不接受解体的厄运。她再次沦为无业游民。

危机也是重新创业的商机。经过深思熟虑，她成立了自己的团队和一个新的化妆品公司，并创建了自己的化妆品品牌。不久，自主品牌的化妆品上市了，公司员工增加到20人。她摇身一变成了这家公司的CEO，开辟新的市场。

十多年后，她本人不仅还清了曾以为工作一辈子都无法还清的巨额债务，在韩国还赢得超高的赞誉。她以自己的创业打拼经历写就的《把自己放在悬崖边上》一书，受到当时韩国总统的极力推荐。

这个女子就是韩国顶级化妆品品牌"八高魅力"的CEO朴炯美。她以惊人的意志力渡过重重难关，在销售领域展现非凡才能，并从身无分文蜕变成年薪12亿韩元的品牌公司掌门人。

❀❀❀ 心灵悟语 ❀❀❀

身处绝境时，也不要放弃希望。生活里不同的逆境和坎坷，以不同的方式教会我们坚强，有时它们像一面镜子，照出我们日常生活中忽视的那部分自我，以及自身本来具有的强大力量。

让科幻照进现实

R2-D2，科幻系列电影《星球大战》中的机器人形象，半圆形的头，圆柱形的身体，两个车轮做腿，造型呆萌可爱。这个现实中并没有原型的机器人，在一些技术控看来，却变成了美丽的研发梦。

王京毕业于江苏科技大学计算机专业。毕业后他回到重庆，在一家科技研究所工作，做工业机床方面的系统研发。小时候，王京就喜欢阅读科技方面的书籍，对游戏机等电子产品喜爱有加。高中时，王京代表学校参加全国机器人比赛，获得了名次。参赛归来，王京转而对智能机器人产生了浓厚的兴趣。他梦想着某天能够独自研发并制作属于自己的智能机器人。

步入大学，王京发现自己所学的计算机专业除了程序设计能与制作机器人搭上边，其他都毫无关联。他曾一度怀疑最初报考专业时是不是选错了。大学期间，出于对科技的兴趣，也为增加技术储备，王京有意识地接触单片机及其内存、硬盘、CPU等电子部件，他还选修工业设计、3D建模、模拟电路、数字电路、嵌入式芯片等一系列专业知识。这些课程在很多人看来枯燥乏味，对王京来说却十分有趣。

王京并非《星球大战》的影迷。但有一次，王京上网时第一眼看到R2-D2的图片，便心生喜爱，因为这款机器人既科幻又呆萌可爱，结构和造型相对简单。王京当即认为，这个小机器人在制作上具有可实施性。

这时，王京已大学毕业两年多，每天朝九晚五，下班后如果去做运动锻炼，回到家就已是晚上8点，研究机器人只能在深夜进行。王京完全利用业余时间，从动手设计制作到改良升级，经过编程、设局域网、安装摄像头等工序，他一共制作出两款R2-D2机器人，并为它们取名为"shy"。重要的是，王京在制作过程中，偶然中发现廉价易得的路由器可以用作主控芯片，也发现了路由器的妙用和单片机的神奇之处，让他的机器人制造之路变得更加有趣。

第一款机器人问世后，并没有达到他的初衷，王京所想要的是一款微型机器人，造型更为小巧，可玩性更高。为此，王京不得不继续查阅大量的开源社区资料和观看网上的各种视频教程。历时大半年时间，王京又制作出可以托在一只手掌上的桌面型机器人。别小看了这款微型机器人，它可是一款以"呼吸"为主题的机器人，可玩性非常强。它不仅支持WiFi控制，还可通过笔记本、平板和手机进行遥控，在50米半径范围内，用光标便能让它前进、后退、转圈。更吸引人的是，置于机身中的呼吸灯，会缓慢地闪着蓝色灯光，像是在呼吸一样。头部的高清摄像头在前进过程中，还可把拍摄的画面传输到电脑显示屏上。

王京兴奋之余，还把《制作会呼吸的WiFi机器人》教程制成文字、拍成图片和视频发布到网上，很快被各大论坛纷纷转载，网友跟帖大赞："技术宅逆天了！"他的教程与微型机器人受到玩家们的极力热捧。

从外观和功能来看，前后两款机器人不只是改变了尺寸那么简单，第二代产品改良升级并实现微型化的过程中，碰到了很多难题。机器人的每个零件都要重新更换，而零件的更换又会带来一系列问题。为找到解决方法，王京的"匠人范儿"开始爆发，他查阅很多资料，不惜延长制作时间以保证机器人的品质。

王京有关微型机器人制作的教程在网络上一直被热捧，许多人都对此很感兴趣。一天，有一位买家联系到他，并没有问及那两款机器人，却给了王京一些新的灵感："现在真人密室逃脱游戏比较流行，能否把这类科技作品与真人密室逃脱游戏中的过关道具联系在一起？"王京这才意识到，密室逃脱游戏中的电子道具确实非常有市场前景。

接下来的日子，王京在自己家中的工作室里开始研发密室逃脱游戏中的电子道具。为把创意融入每一个产品中，他便在真人密室逃脱游戏中寻找灵感。他除了以R2-D2桌面型机器人为主打的产品之外，又做出了生化危机密码锁、360度激光反射镜、六芒星魔法阵等各种奇特的电子道具。

王京辞去研究所技术主管职位，开设了自己的独立工作室。这就意味着王京放弃了10多万的年薪，做起了技术宅，潜心研发新产品。

走进王京的家，两室一厅的居室，其中一个房间就是专门用于产品研发的工作室。在这个不足10平方米的工作室里，摆满着各种电子配件。一张简易的工作桌面上，详细列出了每天要做的工作计划，不管是研发新品还是改进设备，他都会给自己定下一个完成的期限。

真人密室逃脱游戏中那些困住玩家的密码锁、激光阵套装、无线离位侦测系统（真人寻宝道具）等产品，非常受买家的喜爱，但王京已经不局限于微型机器人和真人密室逃脱游戏道具的研发。他理想的生活和工作状态，就是有计划地做好每一件事，一步步开发出属于自己的、大众级别的电子产品。

❀❀❀ 心灵悟语 ❀❀❀

王京并非有着高于常人的智商，也并非是机器人制造方面的专家，却以一丝不苟、精益求精的匠人精神和勇气，在自己的兴趣爱好和梦想领域，不断积累知识，一步步实践，让艺术融入科技，让科技改变生活，努力拓展新的研发领域，让更多的产品能够用于现实生活中。

舌尖上的"小人国"

现年40岁的克里斯托弗·波佛理是长期活跃在美国西雅图的摄影家，大学尚未毕业，就开设了一家属于自己的商业摄影公司。在过去几年里，他把童年时期的玩具小人和美食结合在一起，用微缩摄影的镜头，拍摄出"美食小人国"系列摄影作品。

波佛理自小喜欢玩玩具，长大后成了摄影师，他也一直在收藏玩具，达到了痴迷狂热的程度，至今在他的住处，还收藏着大量的飞机、火车、船只、火柴盒汽车及公仔小人等模型玩具。

波佛理28岁时放弃一切事务，开始去世界各地旅游，在旅游过程中，一边坚持写作，一边进行纪实摄影，积累了大量文字和摄影作品。

4年后，随着阅历增多，波佛理回到西雅图家中，开始对过去几年旅途中见到的社会现象和人们的生活方式进行分析。他发现美食对人们有着不可抗拒的吸引力。作为摄影师，他很快找到了自己独特的表达方式——用影像来表现人与食物的关系。

这天，波佛理来到了自己的"玩具小屋"，创作灵感一下子迸发了出来，何不以这些公仔小人的玩偶作为道具人物呢？用微缩的拍摄技术来打造缩微版的社会场景，将公仔小人与食物相结合，来展现人们现实的生活场景，说不定更有趣。于是，波佛理把这个摄影项目取名为"美食小人国"，并开始致力于微缩摄影创作。

波佛理用新鲜的蔬菜、水果、蛋糕、玉米、热狗、饼干甚至牛奶等食材搭建场景，以公仔小人物代表的生活情态为线索，将一个个动作各异的"小人物"戏剧性地置身于"巨大"的食物世界中，就这样，一个个妙趣横生的场景呈现在眼前，如同一个"小人帝国"。

2011年5月的一天，波佛理整理出一组以甜点和水果为场景的照片，并发布在博客上，这些照片迅速传播开来，爆红网络。这组名为"大胃口（Big Appeities）"的微缩拍摄作品充满奇思妙想，开了摄影新领域和新发现的先河。在后来的几年时间，波佛理及其作品几乎走遍全美国的各大画廊、展览馆和美术公司。

接着，波佛理又把镜头转向了厨房以及食物，通过捕捉人们在日常生活中有趣的行为，推出了他的全新摄影系列作品，比如有水管形状的意大利面、馅饼、烤面包等，再次让"美食小人国"成为经典之作，并把系列摄影展归结为统一的命名——"差异（Disparity）"。

波佛理在长期拍摄过程中，渐渐学会把玩具小人跟食物配搭在一起，使这些玩具小人能固定在食物上，食物还要经过切割、摆放，用龙舌兰蜂蜜作为黏合剂，或者用牙签在食物上刺上小孔帮助固定玩具小人等，有时为完成一次完美拍摄需要多达25次的尝试。

波佛理的生活和拍摄理念非常另类，更与"吃货"们的大快朵颐及大成本、大场景的影像制作截然不同。在他所创造的"小人国"里，糖块变成了集装箱、牛奶变成了海洋、薯条变成了木材、萨其马变成了名胜建筑；还有小人物在香蕉上惬意地骑自行车、徜徉在浓浓的牛奶里开心地划船等，这些平凡场景因为有了玩具小人的点缀而变得妙趣横生；这里的"居民"没有语言和国籍之分，没有文化背景和社会地位的差别，人人平等，整幅画面充满一种和谐安宁的气息，而食物的色彩和纹理丝毫毕现，看不出有任何塌陷和损伤之类的瑕疵。

"美食小人国"系列摄影作品在全美展览后，引起强烈反响。迄今，其作品已传至90多个国家和地区，刊登在报刊上，获得了很高的评价。

❧❧❧ 心灵悟语 ❦❦❦

波佛理在给一位同行的电子邮件中说道："食物是庞大的，人类是渺小的。我希望我所创造的这个世界，无论现实生活多么凌乱肮脏和令人沮丧，'美食小人国'的一切永远都是那样干净、完美与和谐——人类应科学地消费和使用食物，像善待自己一样对待食物和拒绝浪费，尊重食物而不过度加工才是天然好味道。"

让"朗读"回归城市慢生活

每天忙不完的工作、接不完的电话、听不尽的抱怨、老板的逼催等等，都会让都市人压抑透顶。好不容易找到一段避开工作的时光，关掉了电脑和手机，捧起自己喜欢的书时，又陡然感觉兴致全无。繁忙、纷乱而又孤寂的生活，让负能量积压于心。不同的人通过不同的办法来清理负能量，有这么一群人，他们选择举办朗读会的形式，并利用这个平台来互动、沟通，缓解压力和排解孤寂。

城市朗读会的举办地点可能是茶馆、餐厅、草地、剧院、咖啡厅甚至婚礼现场，没有固定的地点。在山城重庆，他们自称是游吟者或朗读者，他们当中既有大小学生、公司职员、公务员，也有私企老板、外企高管和专业的广播电视主持人等，他们聚在一起，组成了"醇·色"声音雕塑艺术工作室。

重庆播音界资深人士和文艺朗读爱好者麦恬，是"醇·色"声音雕塑发起人之一，数十名团队成员因她而聚在一起。她对团员们进行专业指导，还定期组织活动，在各种活动现场为公益献声。

麦恬并非播音主持出身，她学的是园林专业，毕业后的第一份工作却是在一家印刷厂里糊信封，再由信封工调到负责印刷的岗位，一干就是好几年。

那几年，麦恬唯一的业余爱好就是播音朗读。后来她抓住机会转行到了重庆音乐台，从一名普通的播音员做起，仅用四年的时间就获得了全国第四届金话筒奖提名，七年后拿到国家一级导演正高职称。多年来，她一边工作一边参加自学考试，还自费到北京完成了研究生课程。在兴趣的驱使下，她成长得非常迅速。

后来，麦恬已经不在播音第一线工作了，她觉得，在电台工作是电波传递声音，人隐藏在电波之后，而今不在播音岗位上了，自己应该从电波里走出来，寻找更广阔更多元的环境和语境下的表达和知音。

一天，麦恬和志同道合的朋友们经过精心组织和编排，在重庆某剧院音乐厅举办了一场别开生面的古今中外经典文学及本城作家优秀文学作品朗读会。朗读会题目叫"醇·色"，寓意是让朗读成为看得见的声音、听得见的色彩，用声音点亮生命之光。

朗读会上午、下午各举办一场，每场3个小时，受邀前来的500多名嘉宾既有麦恬的家人和朋友，也有不少文化界人士。台上朗读者有麦恬的前同事，也有专程从外地赶来的同学和学生。朗读会不仅赢得与会人员的好评，还产生了良好的社会影响，听过的人纷纷表示："城市生活压力大，能够让自己慢下来、停下来、坐下来感受久违了的声音之美和文字之美，是一种享受。"

从事计算机工作的王杰铎是朗读者之一，也是第一批加入"醇·色"声音雕塑艺术工作室的成员，他非常有感触地说："城市生活压力本来就很大，人们总是在为赚钱、升职而忙碌奔波，如果把压抑的情绪带回家，便会影响到家庭生活。

"朗读恰恰有宣泄的作用，与运动能宣泄情绪、喝酒能暂时忘掉苦恼一样。让自己慢下一步来，通过语言艺术朗读优美文字去体味生活会更文雅、健康。"

不仅在重庆，在北京和上海吟诗、念剧、诵文等活动也借着复古风如雨后春笋般涌现了出来，其中以声音演绎故事的话剧式朗读最受欢迎。

2014年，正值英国戏剧大师威廉·莎士比亚诞辰450周年，各城市的朗读组织和团队早早做好准备，举办了一场又一场朗读剧公益活动。有的朗读团队成员虽然并不具备熟练的朗读技巧，但经常参与活动，倾听别人朗读，也能让自己的精神得到放松。

当年，由"醇·色"声音雕塑艺术工作室主办的世界经典戏剧片段朗读会在重庆连演三场，吸引了众多业内外人士参演和聆听。在每场约为一个半小时的时间里，以"声音的力量"为主题，表演者朗读演绎《奥赛罗》《原野》《两只狗的生活意见》等六部经典话剧的精彩段落。这些经典话剧经过表演者的重新演绎，又能带来一种全新的感觉，让每个到场的听众观众都感到这是一个全方位的盛宴。

麦恬认为这样的演出方式，即使表演者没有完整的舞台演出经历，但经过专项的训练也可演绎出精彩的对白，完整呈现故事，而且对声光电的要求不高，推广起来相对容易。重要的是，每一场就能看到五六部剧，听到的内容更丰富。

国内首部盲人朗读剧《塞纳河少女的面模》在北京首次公演时，剧中所有朗读者均为来自各行各业的视觉障碍人士，亦无舞台表演经验。主持人对话剧背景和主要内容进行介绍后，哪怕观众并不了解剧情，看片段或听声音也不会出现理解障碍。这部盲人朗读剧在北京首演和加演取得成功，也拉开了全国巡演的序幕，此后在东莞、深圳、武汉、长沙、南昌等城市的巡演，全部是免费公益演出，并且每一个进场的盲人听众都会收到一束玫瑰花。

四年多来，由麦恬发起的"醇·色"声音雕塑工作室举办的不只是大型活动，更多的是小剧场会。小型朗读会门槛更低，每人选择朗读一两段诗歌或散文，无须编排表演顺序。麦恬把家里的会客厅取名为"麦恬居"，木质的牌子挂在门楣，也就成了举行小型朗读会的好场所。她首先定下朗读内容，提前发出邀请函，三五同道好友各自准备喜欢的文学内容，不定期地聚会。

　　麦恬家书柜上保存着数十盘闲暇时录制的朗读CD，都是她最喜欢的诗歌、小说、散文等文学作品，有的音频已发布在网上，供网友们倾听欣赏。

　　在麦恬的带动和影响下，"醇·色"声音雕塑工作室不断壮大，几乎每周都组织朗读活动，并且以更多的形式展开，比如来一场电影对白朗读会，或者是多国语言朗读会，以及在情人节时来一场穿越时空的情诗诵读会等。

　　朗读会在声音中安放心灵，基于此，麦恬表示："其实，朗读会并非人们想象的那样高大上，我们是想打造一个吸引语言爱好者的公益互动平台，让更多的人参与到朗读活动中，走上更大的剧场，可以打造一场各国交流的视听盛宴。我们从未担心没有人前来倾听。"

❀❀❀ 心灵悟语 ❀❀❀

　　嘈杂的城市森林中，人人如疾行的机器，将心灵弃之不顾，只剩肉体在这世间奔忙。找个时间让自己慢下来，倾听一番心灵的声音，让朗读把我们这颗焦躁不安的心带到诗意的生活面前，让我们去感知、去体会。

快慢有道才是生活

与国内电视荧屏不同，在地球另一端的北欧国家挪威，多年前就悄然兴起一股"慢电视"风潮。挪威拥有人口500余万，那里的人们崇尚慢节奏的生活方式，这类"慢电视"节目异常受欢迎。

早在2009年，挪威公共广播公司就拍摄了第一档慢电视节目。这是一档长达7个小时的直播节目，全程记录火车穿越挪威从奥斯陆到卑尔根市的《卑尔根铁路》，在黄金时段播出后意外走红。

由于"慢电视"与众多电视节目的制作方式截然不同，没有快速的剪辑镜头，没有精美的后期制作，加之节目长达7个小时，在很多人看来，肯定会让观众感到非常无聊乏味。

然而，一向喜欢慢生活的挪威人却不这么认为，他们觉得越是慢节奏越是有意思。事实上，这档记录7小时"分分秒秒"的《卑尔根铁路》，在部分时段的观众一度达到了120万人，收视率更是超过了25%。

世界上第一档"慢电视"由此诞生。

2011年6月，挪威广播公司推出了一档更慢的节目《海达路德：分分秒秒》，直播挪威海达路德公司旗下"北挪威"号邮轮沿挪威海岸线134个小时的旅程。

难以置信的是，这档"超级无聊"的节目在连续5天的直播中，竟然掀起了一股收视风潮，不仅打破了电视节目直播时间的世界纪录，还创下挪威电视节目收视纪录，全国500万人口中，超过300万人收看了《海达路德：分分秒秒》，收视份额平均维持在36%，成为当年的收视冠军。

这看似很"古怪"的事情越是不对劲，就越是对劲。2013年2月，挪威广播公司再次在黄金时段推出了另一档慢电视节目《国家篝火之夜》，连续12个小时直播一堆柴火从点燃到熄灭的全过程。

挪威人对如此迷恋看似超级无聊的慢电视，虽有点尴尬，却颇感自豪。很多观众对"慢电视"的痴迷程度令人惊讶，比如在直播邮轮航行期间，就有一名观众突然闻到了一股烟味，马上打电话给电视台，痴迷地说："邮轮上着火了！"而当他转身后却发现，是自己家里的厨房着火了。

迄今，在挪威大都市里，甚至出现不少人随身携带平板电脑追捧"慢电视"，随时随地在社交网站上发表评论。看慢电视就像庆祝他们的做事方式，更显示了挪威人喜爱慢节奏的生活放式。

2013年以来，挪威"慢电视"很快传遍了全世界，同时在如今热门视频和自主观影的大环境之下，也给世界其他地方的人带来启示，对快节奏的生活产生了实质性影响。

在挪威，慢电视虽然是一类节目形态，却也恰恰折射出一种对慢生活方式的追求。因为在很多国家，这类节目似乎都不可能放到黄金时段播出，但事实并非如此。美国国家公共广播就曾推出过一部长达18个小时的慢电视节目，记录了三文鱼逆水而上产卵繁殖的过程，却意外地遭到观众批评，理由是节目太短了。

由此可见，"慢电视"其实就是一种对生活的态度，即在我们繁忙的工作之余，如何对待自己生活的方式和态度的问题，拥有不同心境的人，看到了完全不一样的世界。

其实，在我们的周围，同样能发现拥有"慢心态"的人，比如：那些热衷手工DIY的达人，他们可以花上几天或几个月时间，去慢慢缝制一件微不足道的小手工；更有甚者，一些养花爱好者，经常在忙碌的工作之余，花上几个小时，有时用大半天时间静静地观看水草，原来只是为了等待水草吐出一个氧气的泡泡。

心灵悟语

慢电视走俏，让生活更"对劲"。正如挪威人那样，拥有真正的安静自然的豁然心境，才能拥有真正从容、优雅、包容和积极的慢心态，也才有能够发现和欣赏像"慢电视"一样快慢有道的生活。

让自己"动"起来

家住美国纽约的詹·葛雷毕尔（Jen Graybeal）是"Overit"公司的负责人，管理着30余名下属员工。

一年前的一天，葛雷毕尔收到一位好友的电子邮件，内容大意是："我下月就要结婚了，郑重邀请你届时参加并做我的伴娘。"邮件中，好友还在网站上为她精心挑选了一款礼服，并附上网站链接。于是，她立刻趁着打折，按照先前穿过的尺码，网购了这条黑色的连衣裙。这天，快递员送货上门后，葛雷毕尔迫不及待地在家里试穿起来。糟糕，自从生完孩子后，她的身形竟然在不知不觉中整整胖了一圈，已经穿不上这条裙子了。

这次生活小意外，让她感到很吃惊。爱美的葛雷毕尔望着试衣镜里的自己发呆、泄气、失落、惋惜而又无计可施，心中却自我告诫："我要运动，我要锻炼，我要减肥，我要去掉身上所有的赘肉。"

第二天，葛雷毕尔照例去上班，走进公司写字楼，看到有的下属已经进入工作状态，而她心里还在想念着那条让她穿不上身的裙子，突然心血来潮，自顾自地双手击了一下掌心，宣布道："女士们先生们，先停下来手里的工作，离开办公桌，我们开始做一些运动吧。"

这家位于纽约州首府的Overit公司，原本就有着较为轻松自由的公司文化和美好传统。公司还专门为此增设了一个"首席娱乐官"的职位，经常在午休时间里打鼓，甚至把在家办公的"特权"搬到公司里，允许员工在办公桌上跳舞等。

刚开始，葛雷毕尔有了在办公期间运动的念头后，建议大家在午间休息时，由她带头走出办公室，下楼到户外去，绕着写字楼一边透透风、晒着太阳，一边散步聊天。

于是，"整点小运动"锻炼计划便在边散步边聊天中酝酿出来，并逐步演变得更加完整和成熟。葛雷毕尔还把这一整套成熟的计划命名为"Over Fit"，把公司全办公室里的30余名员工"拖下水"，拉他们一起做"Over Fit"锻炼身体。

按照这套"Over Fit"计划和排程，每天一到整点时分，葛雷毕尔就准时邀请大家参与一次健身运动，每次运动时间设定为2分钟——上午9时做伸展运动，10时做仰卧起坐，11时做"高抬腿"，12时午休，做户外散步；下午1时做弓步训练，2时做俯卧撑，3时做"跳爆竹"游戏，4时是臂力练习，5时则做完一套自由舞"free style"，结束一天所有工作，下班回家。

一股运动热潮很快在公司上演。尤其在户外散步环节，逢雨雪天气，或做雨中漫步，或做雪中寻景，放松身心。

如今，公司的职员们，无论是马拉松选手一样的竹竿棍儿，还是重达200磅的胖子，都会经常参加这项运动。那些先前极不擅长运动的员工，后来竟发现他们能做够2分钟的"跳爆竹"了。最终，葛雷毕尔以及她的那条穿不上身的裙子到底如何了呢？哈哈，在不久前，她已经能够把裙子穿在身上了，并指着自己得意地说："瞧，这就是那条裙子！"

心灵悟语

有时所谓坚持，不过是日复一日地重复一件小事。一件小事，坚持下来做到极致，就会有不一样的收获。"整点小运动"看似只有短短的2分钟，每一个2分钟，都是让自己变得更好的力量，坚持下去，成就的是更好的自己。当你将一件小事坚持下来，形成习惯，你会拥有无尽的宝藏。

让奇幻成趣

伊米莉亚·迪兹伍芭科出生在一个典型的知识分子家庭，父亲是医生，母亲是公务员，家境优裕。小时候，她是个乖乖女，喜欢画画，喜欢听故事。父母希望她将来学有一技之长，完成学业，找到一份体面而又稳定的工作。

伊米莉亚的成长之路平坦顺利，骨子里却只对画画感兴趣，经常在课堂上偷偷作画，在学习之余坚持作画，把家里给的零花钱和生活费用来购买绘画工具和颜料。父亲劝导她："你不能把画画当成重要的事来做，如果因此耽误了学业，将来面临生存和生活危机时怎么办？"

2006年，伊米莉亚按照父母意愿，考取了波兹南艺术学院，学的却是建筑设计专业。四年后大学毕业，她又在父母执意安排下，进入一家知名的建筑设计研究所工作，成为一名建筑设计师，每天对着电脑画着高大上的城市建筑规划图，而她的梦想却是做个顶级插画师。

直到有一天，伊米莉亚感觉到生活拘束，因为自己只是坐在办公室里的电脑桌前，距离自己的理想越来越远。时间不等人，于是她决定忠于自己的内心，毅然决然地选择辞职，投身于插画事业。

伊米莉亚画插画用心非常纯粹，并不急于成名成家。几年来，她一心一意做自己想做的事，就是找遍全世界经典童话故事，温故知新，激发灵感，以插画的形式进行改编再创作。她为此动情地说："一提起画笔，我就感觉非常自由和快乐，一种幸福感油然而生。"

2013年，伊米莉亚的第一本插画书《请拥抱我》正式出版。它改编自同时代儿童作家的童话故事，描写的是生活在森林里的一只熊与同伴及猎人间有趣有爱的故事。这本充满童趣的插画绘本刚一问世，就引得全波兰的孩童及家长争相购买，引起轰动。

伊米莉亚的日常生活简单到极致，一个未曾学习过一天绘画课程的女孩，抛却家庭给她带来的资源和人脉，一心只想画插画。画插画几乎成了她生命中不可或缺的一部分。按她的话来说："人生的前二十年是为他人而活，而现在我可以忠于自己，对自己的人生负责。"

伊米莉亚画遍所有能够得到的童话故事后，开始自己编写童话故事，自己配插画，积累了大量饱含心血、充满热情和情感的插画作品。2014年，伊米莉亚终于实现大爆发，接连出版数本童话绘本，不仅全部大卖，还获得过三次国家最美图书奖。重要的是，她本人编写故事并配画成书，又获得了波兰文学奖。

一时间，伊米莉亚先后获得国内国际插画界各种奖项和荣誉，一跃成了波兰的国宝级人物，成为这个国家最有影响力的顶级插画师之一。近年，她在画风上透出一种超于现实的奇幻和有趣意味，笔下的各种动物主角出现在超现实的想象空间和故事情节里，像活过来了一样栩栩如生。伊米莉亚也由此获邀成为美国迪士尼世界的职业插画师，专门绘画儿童版的迪士尼动画故事，名扬世界。

心灵悟语

伊米莉亚坚定地说："我一直相信在这个世界上，一定有一种既能忠于自己，又能拒绝平庸的生活方式。而对我来说，勤奋而努力地画画让我体验到另一种天真自由的生活，以及摆脱孤独的方式。"

体验"气泡酒店"

如果你渴望与大自然来一次亲密接触，那么野外露营是最佳方案。躺在草地上仰望星空，坐在溪涧旁聊叙衷肠。然而，夏天的蚊虫招人烦，野外的冬天又太冷，怎么办？美轮美奂的创意"气泡酒店（Bubble Rooms）"，能让你更好地接近自然，融入自然。

即使在冷风刺骨的冬天，"气泡酒店"的室内依旧温暖如春，看着头顶的星空，才算真正过了一把无边界、无刻意和无压力的美好生活。

斯特凡·杜马斯是法国知名的创意设计师。早在2011年，他突发奇想，首先设计和在山坡树林中建造了"气泡酒店"，吸引了很多人。他们慕名前来，体验和入住完全透明的"气泡"，仰望星空，脚踏实地，共享夜晚丛林间的静谧、温馨和美妙。

气泡酒店的"圆形墙壁"是由再生塑料制成，直径为13英尺（约为4米），形如一个大大的气泡，通体透明。酒店里的套间像是一个侧放着的圆底大烧瓶，瓶内床铺、椅子和简单家具等陈设一应俱全，可随时随地安置摆放，营造出一处360°无死角的观景房。

气泡酒店一经推出，要求入住的房客就接踵而至。很多人对酒店的"气泡"设计感到好奇，气泡是怎么形成的？别急，仔细观察才发现，其有一个隐蔽机关，在气泡入口处安装有一台充气泵，噪音已减至最低，人居其中并不受杂音骚扰，不会影响舒适度。

因此，对来自都市里的房客来说，这种体验够新鲜，机会太难得。为提升"以人为本"的理念，酒店还专门设一个房间用来洗澡。然而，颇为好玩的是，客人发现房间里并没有厕所时，却会被告知："哈哈，这就是气泡酒店让你回归自然的另一种方式。"

你在"气泡"里看风景，别人在"气泡"外看你。接下来，隐私问题如何保障？自投入运营两年来，这种法兰西风格的气泡酒店模式已经具备五星级配置服务，每个气泡客房都完全独立存在，24小时可保全和保证旅游房客的身心及财产安全，可以使房客免于不必要的骚扰，更能让人毫无压力地亲近自然。

❀❀ 心灵悟语 ❀❀

气泡酒店像气泡一样透明，拥有360°无障碍观景视角。在深山密林的包围中，躺在客房里的床上，夜空里的满天繁星尽收眼底。春看百花盛开，秋见明月和落叶，夏有动物在周边嬉戏，冬观大雪纷飞的景致，看遍四时之景，皆温馨舒适。

小图拼成"大世界"

　　关于拼图的发明，背后还有一个悲怆的故事。

　　1762年，在英国伦敦，有一个年轻的印刷工人名叫约翰·斯皮尔斯伯里，他极其巧妙地把一幅英国地图粘在一张餐桌的桌面上，然后，他又沿着各郡县的边缘，精确地把地图切割成许多不规则的小块。这就是拼图最初的创意雏形。

　　迄今，250多年过去了，拼图游戏和玩具早已风靡全球，常玩常新，经久不衰，让人百玩不厌，逐渐成为一种广受喜爱的智力活动。而发明人约翰·斯皮尔斯伯里这一最初的想法，也取得了巨大的成功，累加起来形成了庞大的产业和市场，也积累了巨额财富，但悲怆的是，他仅活到29岁就去世了，生前并没有得到一分钱的收益。

　　随着时间推移，越来越多的个性化拼图纷纷面世，几乎所有材料都可以拿来拼一张图画，树叶拼图、羽毛拼图、玻璃拼图等等，不胜枚举。或用拼图的形式，讲述一段故事，记取一段回忆，表达一种情怀，这不仅是儿童的游戏，也还包括成人的玩法。

来自伦敦市的克里斯·张伯伦，现年49岁，是一名电脑程序设计员。张伯伦有着一个很"中国"的名字，因为他的母亲姓张，是中国人，父亲是英国人。

张伯伦的业余爱好就是喜欢各种艺术创作，但最让他感到遗憾的是，自己不会画画。有一次，张伯伦在上网时，看到许多拼图作品非常唯美，有的拼图令他感到震撼，有一种说不出的喜欢。他很想创作这样一种小时候曾经玩过的游戏作品，但不知道怎样才能推陈出新。

正当有想法做事，却束手无策时，张伯伦偶然地又想到自己家族里的小传统，祖辈中开过玻璃制品的小作坊，自己曾经学习过切割玻璃的技术。

与此同时，张伯伦不断从记忆中寻找素材，进一步触发灵感——或许，我也可以尝试做一种新的艺术创作形式——玻璃拼图。在他家的后院有一间大车库。每天下班到家，或双休日，张伯伦一有时间，就把自己关在车库内，连他的妻子也很少能见到他。为达到最佳效果，他要构想创作的玻璃拼图，不等同于马赛克拼图，需要的材料非常细小，每一颗材料仅相当于米粒一样大小的方块，玻璃碎片的尺寸不超过一块普通碎片的1/20。按照计划，张伯伦首先要做的就是把整块的玻璃进行切割，仅切割玻璃就是一项巨大的工程，这也是他必须完成的前期准备工作。

　　从某种意义上说，玩拼图，"拼"的其实是耐心和毅力。张伯伦用在切割玻璃上的时间，就超过了半年之久。在这半年多的时间里，他切割成的玻璃碎片，如果不是用来玩拼图，而是将碎片首尾连接在一起，其总长度足有2英里长，约3.2千米。

　　这不算什么，更大的工程还在后面。张伯伦为使拼图更具有收藏的意义和价值，他选择了世界地图作为蓝本，而且尽可能增加难度，做成大拼图。

　　世界地图有精确的比例、准确的图示和对应的颜色，张伯伦又不惜花钱，买来包括黄玉、紫水晶和蓝宝石等1000多颗真宝石，分别突显地球上的陆地、高原、山脉、河流、国家和重要大都市等，亲手用镊子将玻璃和宝石一点一点黏合起来，拼接在一块更大的有机玻璃板上，最终的目标是将这些玻璃碎片等细小材料拼成一幅准确、唯美而又完整的世界地图，其艰难程度可想而知。

　　只要功夫深，铁杵磨成针。总历时27个月，号称世界上迄今为止最大的玻璃拼图终于大功告成。据大致计算，他一共使用了约33.3万颗玻璃碎片和1238颗真宝石，拼成了长为10英尺（约3米）、宽7英尺（约2.1米）的玻璃"地球"，取名为"宝石世界"。

　　张伯伦在完成主图后，他又用8万颗黑色玻璃粒制作了相框，用6912个发光二极管作点缀，把玻璃世界地图"装裱"在其中，宝石总重量就有260克拉。地图中含有黄玉、紫水晶和蓝宝石在内的真宝石，标志出世界上的重要城市，如英国的伦敦、美国的纽约和中国的香港。用大量绿松石来表示主要河流路线，如欧洲的泰晤士河、非洲的尼罗河、南美洲的亚马孙河、北美洲的密西西比河和中国的长江等世界上著名的大江大河。

这幅"宝石世界"也像其他地形图一样，以蓝、绿和黄三种颜色为主，蓝色代表浩瀚的海洋、绿色代表广阔的平原、黄色代表高原或者是山脉。颜色深浅的程度则表明海拔的高度或海水的深度。

这幅玻璃拼图的照片刊登在英国《每日邮报》上，创造了一项世界之最。这幅巨型拼图对张伯伦来说，是他人生中第一件艺术作品，具有非凡的意义和价值。他耗时27个月制作这幅玻璃地图，其间敲打的动作就超过20万次，真是难以形容在粘好最后一颗玻璃时他的真实感受。

心灵悟语

不少人玩过拼图游戏，都有自己的各种小传统，当然也不只是局限于拼图这一类别，但随着各种创意的呈现，仅拼一拼图，就足以让人创造令人吃惊的作品。小传统蕴藏着大作为，小传统能"拼"出大世界，充分证明在业余时间里照样能有惊人"创举"。

一条有腔调的丝巾

　　"腔调"是什么？最早上海人如此说，类似北方人口中的"范儿"，又略有不同。英文"style"，则与"腔调"相近，可理解为——时尚款式、仪表品位、风格气派。

　　在美国纽约，有一位来自中国香港的女子，英文名叫克莉斯蒂娜·J·王（以下简称"王J"）。热爱一切美好事物的她，近两年摇身一变，集画家、设计师、艺术家等身份于一身，征服了欧美时尚圈，活出了自己的腔调。

　　王J1987年出生于香港，2009年毕业于上海广播电视大学美术专业，后取得硕士学位。接着她随父母移居美国，又在纽约布朗大学进修视觉艺术、艺术史和经济学。学业有成，她却不急着找工作，整天忙于画画、拍照、旅行，等待灵感爆发。

　　一天吃午饭时，她不小心将比萨弄翻，奶酪、配菜洒在围巾上。这是上好的丝巾啊，她心疼地展开，却意外欣喜地发现，丝巾上增添了色彩，产生了新的图案。她茅塞顿开，"何不在丝巾上作画呢？"至于画些什么，她没多想，决定玩得高兴就成。

王J宅在家一画就是五年。她采用名为"数码列印"的方式，即先创作，后印制，创作出大量不同风格、款式和系列的丝巾画。她再也不觉得生活乏味了。

由于酷爱美食，王J结识了当地餐饮界名厨，还和她的偶像克莉斯蒂娜·托西成了朋友。托西现年32岁，是美国餐饮界怪咖级人物，被喻为"冒险派名厨"。她第一次看到王J的丝巾画作品，便忍不住惊叹，"太有创意了！"丝巾作画，并不足为奇，但她看到的，是在羽量级超轻的羊毛围巾上的，栩栩如生的水果、蛋糕、巧克力棒、曲奇。

更奇特的是，王J的画不讲究构图，更没立意，画些什么，全凭当天想到了什么、看到了什么、碰到了什么、吃到了什么。越平凡的东西，越能成为她上等的创作素材。

王J出门遛狗，会留意街头看到的所有景致、物件，回家后，几乎不动心思地把不相干的东西"数码列印"在一起。每样东西独立存在，又毫无关系。比如，一块丝巾上，出现了袜子、蛋糕、布娃娃、帽子、蛋炒饭、不锈钢锅。但凡她想入画的，便能搭配起来。正因如此，每一幅丝巾画都颜色浓郁、丰富多彩，充满古怪的幽默感以及强烈的视觉冲击。

王J还把自己的13双鞋子，无序地排列画在丝巾上。对比强烈的色彩，莫名其妙地吸引着人们的眼球。

与此同时，爱拍照的王J还建有个人网站来展示她的丝巾画，通过在世界各地的同学及朋友间口口相传，引起了越来越多的时尚圈人士的关注。

在香港，有家名为"哈维尼科尔斯"的时尚品牌店，几乎搜集了王J所有款式的丝巾。没过多久，王J便拥有了第一批忠实粉丝。

热爱旅行的王J，把沿途所见所闻记录下来，推出第一个假日系列作品。内容包括沿途吃食、当地杂志小插图等，印制在羊毛丝巾上。她参加了一次在台湾举办的时尚展品会，迅速引起抢购热潮。

这年年底，王J和好友托西创立了丝巾品牌CJW，即使是最小幅的迷你款，也标出175美元的高价。

迄今，王J在欧美、韩国，以及中国的香港和台湾，已拥有超高人气。巴黎著名时尚网为其开启头等的品牌展区和展位；韩国的时尚杂志也忍不住"吆喝"她的丝巾。

怎样才称得上有腔调？在王J看来，腔调就是打破规则，再创造规则。一般情况下，丝巾需要模特展示产品。王J选择了自己的爱犬做模特，拍出各种时尚大片，登上了全球各大时尚网站，得到广泛传播。这只狗意外成了网红。

❧ 心灵悟语 ❧

腔调即乐趣。王J为世界奉献的，其实是生活的新锐玩法。

把乌龟壳"暴改"成相机

　　38岁的徐鹏翔是个典型的老文青，山西太原人，现居上海，大学学的是中国文学专业。然而他从小喜欢自学，大学毕业后先跑去做广告，后从事设计、动漫、摄影、绘画、装置、雕塑、相机改造等各种工作，均为无师自通，自学成才。

　　8年前，徐鹏翔辞去艺术指导的工作，全身心投入到个人艺术创作和器材改造中。他酷爱收藏古董胶片相机和进行相机改造，走进他的工作室，会惊讶于他怎么有这么多琳琅满目的相机和零件。他介绍说："我至少拆解过上千台各式各样的相机。"

　　在过去的八年里，徐鹏翔不仅用老相机功能尝试各种玩法，还将相机别出心裁地创意再造和再组再生，艺术化地赋予老相机新的生命和内涵，如同他的网站标语"玩相机被相机玩"，被称为"暴改狂人"。

　　八年来，他经手改装的相机已有数百台之多，背后却是不计其数的失败，有时为摸清一款相机的机械构造，往往需要拆解三四台同款相机。按他的话说："我的手艺全是'踏着相机的尸体'摸索出来的。"

一款名为"生物眼"的龟壳相机，便是他几年来颇有成就感的"暴改"项目。2015年，徐鹏翔和一名程序员合作，开发出一款通过单片机控制的票据打印成像系统。基于这个成像系统，徐鹏翔就已将龟壳相机研发至"生物眼3号"了，而另一成像装置"自拍面具"，则是用摩托车头盔改造而成，打印出影像"立等可取"。

近年，徐鹏翔在家人支持下，开网站、淘宝网店、微信公众号，仍在根据客户需求改装相机谋生计，还用饭盒做相机，用水壶做相机，以及用相机零件制作成台灯或工艺品，并开始使用3D打印机制造零件，以相机元素和主题创作"生物眼看世界"系列油画作品，将相机文化与生活、艺术、科技等融合在一起，吸引无数粉丝拥趸。

心灵悟语

针对"暴改"生涯和初衷，徐鹏翔表示："我是文科生，经常有很多新想法。而我很幸运，是思必行行必果的行动派，常会去划皮划艇或跟朋友出海钓鱼，大自然带给我不少启发和灵感，能够把天马行空的脑洞实现出来。这种奇幻跨界，本身就很耐人寻味，更有挑战，所以我享受其中。"

把旧滑板"暴改"成彩色吉他

尼克·帕福德23岁，常住美国旧金山。滑板和吉他，原本毫不搭界的两样东西，在他的精巧组合下，竟变成一件非常美好而有趣的事物。他把旧滑板，经手工锯裁打磨、拼接，制成一把把崭新的电子吉他。

尼克·帕福德大学学的是工业设计专业。与很多年轻人一样他也热爱运动和音乐，是资深的滑板运动爱好者，又是摇滚乐发烧友。他童年时开始玩滑板，至高中时已玩坏大大小小十几块滑板，全摆放在家里，挂在房间墙上。五年前的一天，距离高考还有一年多，他在学校举办的一次体育比赛中不慎受重伤，经医生诊断，需卧床半年。

尼克·帕福德正值青春年少，在卧床的半年时间里，眼睁睁看着墙上落满灰尘的旧滑板，却下不了床，既焦急又孤独。有一次，他在百无聊赖时，想出个新点子，如能把旧滑板改成一把吉他，不仅能自弹自唱，打发寂寞时光，还能使旧滑板以另一种姿态获得重生。

　　大学四年，尼克·帕福德基于对滑板、音乐和设计的热爱，坚持上网观摩手工制作吉他的视频教程，从选材、刷漆、打磨、抛光、调音，到音箱和琴颈制作等各环节，把手工制作吉他流程熟记于心。他从零做起，又自学木工工艺变身木工达人。他大学毕业后，没有像其他同学一样去找工作，而是在旧金山租了间房，全身心投入到改造旧滑板并纯手工制作电子吉他的项目及规划中，誓要创立属于自己的彩色滑板吉他品牌。

　　由于是纯手工制作，尼克·帕福德在选材上均采用回收的旧滑板，且延用滑板旧有的色彩和图案，再制作成一把把色彩斑斓的电子吉他。除了几根弦、拾音器和电子线路，他每做出一把吉他，从主体构造、独特外形到色彩图案等元素，均完美地应用于设计和制作中，加上与众不同的手感和优质音色，配以丰富的色彩，每把吉他都堪称独一无二。

　　不久，一支在世界上赫赫有名的摇滚乐队创始人兼吉他手主动找上门来，特别定制了一把滑板吉他。尼克·帕福德初出茅庐，因得到如此高规格礼遇和订单，名声大振。至此，尼克·帕福德从创意伊始，到创立彩色滑板吉他品牌，已过去五年多时间。他将工业设计与制作吉他相结合，让旧滑板获得新生命，把兴趣爱好转化成了事业。

❧ 心灵悟语 ❧

　　尼克·帕福德作为摇滚乐发烧友，还组建了一支属于自己的滑板电子吉他乐队，更通过彩色滑板吉他展现了新的生活态度。

将公益画室开进城乡古村落

出生于1971年的林正碌，是个传奇式的大叔级人物，22岁时开始经营进出口生意，最高年出口额高达1.5亿元人民币，成为行业巨头之一。他先后经历4次破产，至最后一次破产时，开始痛定思痛，思考人生。

林正碌小时候是个学霸，被人称为"最会读书"的孩子。高考那年，因把高考作文《论近墨者黑》写成《近墨者未必黑》而名落孙山。落榜后，他非常羡慕考上大学的高中同学和高校生活，便突发奇想地辗转多所高校里去蹭课，4年后他的高中同学都大学毕业了，自己没地方蹭吃蹭睡才停止蹭课。重要的是，林正碌是个酷爱读书的人，经济学、哲学还有各种艺术门类，均是他蹭课后自学成才。

后来，林正碌的进出口生意因彻底破产而告终，转身回到位于莆田乡下的家中开始自学绘画，竟一发而不可收。他从画出第一张油画后，又自学艺术发展史，每天对着镜子画自己不同风格的肖像画，连续创作众多作品，成就感大增。用他的话说："画得非常成功，有一种才华开了挂的感觉。"

经过思考和磨砺，林正碌独创的零基础绘画技法日臻成熟，其依据是："科学地分析光影和色彩在形体起伏、空间转变的明暗交接处的变化，从中寻找出不变的科学规律，形成逻辑定式，人人都可以提笔作画，在短时间内完成作品。"

传奇的是，林正碌自始并非自娱自乐，而是立足乡下的古老村落，免费教人绘画。在过去7年的时间里，他通过各种途径筹集资金，创建了一间公益油画教学工作室，不仅不收一分钱的学费，而且场地和画材也均是免费提供，消息在网上传开后，省内外的城里人纷纷慕名而来，涌入环境幽雅、空气清新的山间古村落。

此后，林正碌开启"文创入村"计划项目，将画室开到福建屏南一处名叫"漈下村"的古村落，不仅能让没有任何绘画基础的男女老幼学会画画，还能把画卖到世界各地，卖画所得全部交给绘画者本人。其先前的很多学生，因他而走上职业绘画道路，参展并获奖，过着靠绘画养家糊口的生活，更有不少学生成为公益教学团队骨干，和他一起推行公益画室及文创项目。

迄今，林正碌及其公益画室已教授过工人、农民、白领、残疾人等5000余人，上至高龄老人，下至2岁孩童。

近两年来，其公益画室已发展至上海等大城市，还开到江苏海安、山东平度、青海玉树等更多三四线城市及偏远古村落，每开到一处，那里便成为很多城里人观光旅游、体验新式生活的一处风景和文化圣地，海内外职业画家、大学教授及艺术批评家都帮他的公益画室和文创项目"背书"，给予高度推崇和肯定。

心灵悟语

曾是亿元级富豪，如今生活过得相当清贫，而林正碌却说："画室开进城乡古村落，公益就像一个火种，点燃的不仅是民间文化，更是我们画室的文化自信，改造的不仅是物，还有人心。"

把最好玩的事做到极致

　　28岁的CJ.亨德利原是澳大利亚一名职业游泳运动员。12年前她才16岁，当时希腊雅典奥运会开赛在即，她却因伤病缠身痛失参赛资格，不得不告别游泳池。退役后她进入昆士兰大学学习，攻读建筑设计专业。

　　她在学业方面并不突出。作为设计生，在大学学习近一年，却连最基础的CAD设计软件也用不好，同学们也都嘲笑她四肢发达。老师布置的制图作业她都完不成，无奈之下只好以退学告终。她回到家中，感觉走投无路，失意至极。过了几天无所适从的日子，她开始想："说我不会操作CAD，做不了制图设计，我亲手来做这件事还不行吗？"

　　这时她的绘画功底充其量仅有小学水平。她把自己关在家里好几个月，专心投入到学习手绘中，并作为最想做的事坚持下来。随后几个月，CJ.亨德利对手绘越来越痴迷，除了必要的日常生活和睡眠时间，她每天坚持手绘15个小时以上。重要的是，为使手绘效果更逼真，她仅用一支黑色油笔和一把尺子，对每一个绘制细节都严格要求。

直到九个月后的一天，她的闺密发现了摆放在桌面上的手绘画作，以为是放大了的黑白照片。闺密知道实情后非常震撼地说："太逼真了！这完全不像是亲手绘制出来的，你应该拿到艺术网站上展示，一定会有意想不到的收获。"有一个艺术分享网络平台的负责人看到她的手绘作品后，也感到震惊，当即出资为其仅有的几幅作品做了一次展览。其手绘作品深受观展人好评，更有人出资一万美元买下其中一幅画。

CJ.亨德利感到受宠若惊，深受鼓舞。然而她没有急于将作品变现，而是再次重拾初心，继续打磨新作品。因她每一幅手绘画至少要耗费两百个小时，因此被称为"超逼真黑白手绘"。

过去的十年里，她画过购物类、生活类等各种素材的黑白手绘，尤其是她的手绘奢侈品，更受到全世界众多奢侈品品牌的青睐，纷纷邀请她为品牌做宣传。近年，她的黑白手绘的单幅价格也由最初的一万美元暴涨至五万美元，时尚、影视、传媒等各界名人显贵和明星大佬争相收藏。

CJ.亨德利在回忆当初的人生抉择时说："做游泳运动员时受挫，读书时又受屈，我还有什么可选择的呢？只有把最好玩的事做到极致，而黑白手绘又是我最想专心做的事。"

❋❋❋ 心灵悟语 ❋❋❋

明白自己的热情所在，并为之付出努力，把好玩发挥到极致，就是成功。

别在该奋斗的年纪，选择安逸

版式设计：蒋碧君

文字编辑：杨　静

美术编辑：苟雪梅